静修
拥有一颗平常心

牧　原◎编著

中国华侨出版社
·北京·

图书在版编目（ＣＩＰ）数据

静修：拥有一颗平常心 / 牧原编著. –北京：中
国华侨出版社，2012.7（2024.4 重印）
ISBN 978-7-5113-2702-4

Ⅰ. ①静…　Ⅱ. ①牧…　Ⅲ. ①人生哲学–通俗读物
Ⅳ. ①B821-49

中国版本图书馆 CIP 数据核字（2012）第 167000 号

静修：拥有一颗平常心

编　　著：牧　原
责任编辑：刘晓燕
经　　销：新华书店
开　　本：710 毫米×1000 毫米　1/16 开　　印张：14　　字数：169 千字
印　　刷：大厂回族自治县德诚印务有限公司
版　　次：2012 年 6 月第 1 版
印　　次：2024 年 4 月第 2 次印刷
书　　号：ISBN 978-7-5113-2702-4
定　　价：49.80 元

中国华侨出版社　　北京市朝阳区西坝河东里 77 号楼底商 5 号　　邮编：100028
编 辑 部：(010) 64443056–8013　　　　传　真：(010) 64439708
网　　址：www.oveaschin.com　　　　E - mail：oveaschin@ sina.com

如发现印装质量问题，影响阅读，请与印刷厂联系调换。

　　"未能一心，先求成片；未求成片，先求专注"是指"静修"的三个层次，即为专注、成片、一心。"专注"就是告诉我们，不管过往的生活多糟糕，我们都不要去回忆它，要全心全意活在当下，将心念停留在此刻，将行动灌注于"现在"。专注之后，再渐渐地将你心念专注的点延伸成一个"片"，即为"成片"。将"专注"延续成一种习惯，学会安享生命的每一天、每一个"此刻"，这样的人生就是真实的、有意义的，即为"一心"。

　　生命只有在"静"中才能得以升华，心灵也只有在"静"中才能体味到生活的真实意义。由此可见"静"的可贵！它是修心的第一法。所以，我们每个人都要与之为伴。它不是"晚年唯好静，万事不关心"的虚无，而是人生的一种历练和修养。

　　同样的瓶子，你为什么要装毒药呢？同样的心灵，你为什么要充满着烦恼呢？生活中，如果你能时刻用"静"来取代内心的空虚和杂乱，你会发现再烦杂的生活也时时充满了快乐和幸福。

　　本书从生活中的实际出发，向人们阐述了如何才能静享宁静，修练心性。它教我们，生活中只要我们能够宽容他人，理解他人，对他人关爱，平静的感觉就会如影随形；只要懂得放下，知道进退，安静的氛围就会如约而至；只要我们活在当下，远离贪念，懂得忘记，清静的乐趣就会深入骨髓；凡事不苛求，随性而为，就能随时收获静谧。

　　本书结合一些富有哲理的小故事，融入作者对生活的深刻感悟，帮助读者找到自身烦恼和不快乐的原因，帮助你们调整心态，调整看问题的角度，让心灵在获得宁静的同时，获得十足的快乐和幸福。

你的生命能"静"一分钟，就能收获一分钟的快乐；能静一节课，就能收获一节课的效益，能静一天，就能收获一天的惊喜，能坚持一辈子，你的一生就是传奇！希望本书能为你带来有益的启发和真正的宁静！

目录

第1章 | 修心之道：在于练就一颗平常心

"人之一生，就在于一呼一吸之间；生与死，也只是瞬间的转化。"人的生命是极为短暂的，我们了悟了这点，方能做到努力地珍惜好生命的每一刻、每一秒。要知道，生命本身就是一个不断新陈代谢的过程。"人生只在呼吸之间。"这就要求我们要时时更新自我，不眷恋旧我，这样才能让生命之树常青。

第2章 | 正心之道：心平行直无须参禅

无论在什么情况之下，无论做什么事情，我们都要把心给摆正，而不能有一颗邪僻的心，只有这样，我们的良心才能得到安宁。也只有这样，我们才能全身心地投入，从而取得人生的成功。如果没有一颗正心，即便你修佛参禅也是于事无补，白白浪费时间，耽误了自己的生命。

第3章 净心之道：
远离贪念即是净土

"感谢上天我所拥有的，感谢上天我所没有的。"上天其实给我们很多有用的东西，只是我们自己不知道如何使用，或者根本就没有发现它们的用处，结果有的人反而怨恨上天没有给他们更多的东西。其实我们应该时刻怀着一颗感恩的心，感谢上天给了我们那么多的东西，让我们利用自己已有的东西来追求自己的幸福。同时对于我们所没有的，我们也应该感谢上天，因为只有这样才能让我们感到自我努力的可贵，以及幸福得来的甜蜜。

第4章 静心之道：
一念放下，万般自在

"情执是苦恼的原因，放下情执，你才能得到自在。"情执就是执着于某种感情，一刻也不愿意放下。人的内心不能安静，就是因为很多情绪情感不能消失，也就是内心不能放下，这样往往就让人活得比较烦恼。只有痛快地把这些东西丢下，我们才能够活得比较自在。所谓一念放下，万般自在。

第5章 为人之道：宽以待人，学会包容

"与人相处之道，在于无限的容忍。"人在这个社会中，不可避免地要与各种各样的人交往，那么怎样才是智慧的相处之道呢？那就是两个字——宽容。我们要学会宽容各种各样的人，不但要宽容我们的亲人朋友，还要宽容我们的冤家敌人。为了达到我们生命的高度，我们甚至要超越自己的内心，要无限地宽容下去。

第6章 | 快乐之道：
随性而为，顺其自然

　　笑着面对，不去埋怨。悠然，随心，随性，随缘。注定让一生改变的，只在百年后，那一朵花开的时间。

　　快乐是一种心态，快乐来源于每一件小事。每天给自己一个快乐的理由，调整自己的心态。当你快乐时，你要想，这快乐不是永恒的；当你痛苦时，你要想，这痛苦也不是永恒的。

第7章 | 幸福之道：
以慈悲之心施舍爱心

　　笑着面对，不去埋怨。悠然，随心，随性，随缘。注定让一生改变的，只在百年后，那一朵花开的时间。

　　为什么追求幸福的人多，得到幸福的人少呢？因为生活总是被金钱、感情、是是非非所纠缠。幸福需要在物质生活以外增加一些慈悲。懂得慈悲，便会幸福。

第8章 | 永恒之道：
把握眼前，活在当下

你希望掌握永恒，那你必须控制现在。在平常的生活里，要有所作为，必须有恒心和毅力。人总要有一点端正身心的修持，而且要能持之以恒，要立长志，不要常立志，并且要日常化，所谓平常心是道。这样才能活在当下，充实人生。

第9章 | 成功之道：
迷时师度，悟时自度

人生在世，每个人都渴望能够获得幸福和快乐，但是很多人将希望过分地寄托在他人的身上，而不愿意自己努力，只想苛求他人，所以，总会感到心累，总是不能够称心如意。自助者，天助之。人生在世，难免会遇到困境。如何才能彻底摆脱困境呢？极为关键的一点，就是要拥有一颗自度之心，依靠自己去努力，不去苛求他人，就能活得自在，活得惬意！

第 10 章 | 相处之道：在于内心的容忍

"红尘白浪两茫茫，忍辱柔和是妙方。到处随缘延岁月，终身安分度时光。休将自己心田昧，莫把他人过失扬。谨慎稳守无懊恼，耐烦做事好商量。"

做人处世是一门大学问，尤其在这门学问中，最重要的是做人处世要平和，对别人要尊敬、宽容，对自己要严格、自律。我们希望别人怎样待我们，就要先怎样待人。

第1章 | 修心之道：
在于练就一颗平常心

"人之一生，就在于一呼一吸之间；生与死，也只是瞬间的转化。"人的生命是极为短暂的，我们了悟了这点，方能做到努力地珍惜好生命的每一刻、每一秒。要知道，生命本身就是一个不断新陈代谢的过程。"人生只在呼吸之间。"这就要求我们要时时更新自我，不眷恋旧我，这样才能让生命之树常青。

1. 万事随意，不欲不求

"修行是点滴的功夫。"这告诉我们修行是点点滴滴的积累，要怀着一颗平常心，不去苛求，一切随意，这样才能达到既定的结果。

现实生活中，很多人在追求的道路上，为了达到目标，过于专注，想把每一分一秒都投入其中。正所谓"欲速则不达"，在很多时候，如果太过执着，反而会阻碍目标的实现。其实，只要好好把握，随心随意，不欲不求，以一颗平常心面对，这样反而能早日成功。比如你在执行目标的过程中，发现目标不符合实际。这时候，如果你还刻意执着地要坚持，就变为一种偏执了。面对这样的情况，与其在那里苦苦挣扎，蹉跎岁月，还不如及早放下，否则，只会让自己体会到更多的痛苦和失落。

曾经有一个小僧，为了早日开悟，每天都念经打坐，非常勤奋，可一段时间后，仍旧没有达到预期的效果。于是，他就去请教禅师。

他问道："禅师，我经常打坐、念经，比别人要勤奋得多，内心清净，但是至今为何还是无法开悟呢？"

禅师听完，并没有立即回答他的问题，而是去拿了一个葫芦和一把粗盐，然后交给这个小僧，说："你先去把葫芦装满水，然后把盐倒进去，看到盐溶化，你就会开悟了。"

小僧听了非常高兴，马上按照禅师所说的去办。可是，没过多久他就跑了回来，对禅师说道："葫芦的口太小，我把盐块装进去之后没能立刻化掉，我又用筷子伸进去搅动，可是也不好搅动，我还是没有能开悟。"

这时，禅师接过葫芦，倒掉了一些水，轻轻摇了几下，盐块就迅速地溶化了，然后禅师把葫芦递给了小僧，向他开示道："这就像装满水的葫芦，摇也摇不动，搅也搅不动，怎么能够把盐溶化？你一天到晚用功，没有留下一点空闲，怎么能够开悟？"

小僧这时又疑惑了，于是问道："难道不用功可以开悟吗？以前不是说要勤于打坐、时时念经吗？"

禅师继续进行开导："修行就像弹琴，琴弦太紧了就会崩断，琴弦太松了就弹不出声音，只有平常心才是开悟的真正法门。我们平时说要用功，这是针对一般人不愿用功而言的，但是你的用功则又太过了，所以并不是说用功就可以开悟。"

听完禅师的这席话，小僧顿时就醒悟了。

就如同这个故事所讲的，世间所有的事情，不是一味执着就能够成功的。比如读书，虽然每个人都倡导读书要勤奋，但是，如果只钻在书本中，就成了"死读书"了。我们可以给自己留一点思考的时间，结合自己的实际经验，将书本知识与实践结合起来，这样才能学到真正有用的知识。

曾经有一个小孩，非常喜欢小动物，而且喜欢观察和研究动物。在他的脑子里一直都有个想法，那就是想知道蛹是如何破茧成蝶的。

有一次，他正在走路，忽然在路边的草丛中看见一只蛹，于是欣喜地把它取了回家，每天都进行仔细的观察，看看它究竟是如何破蛹成蝶的。

几天以后，蛹终于出现了一条裂痕，可以看到里面的蝴蝶已经开始挣扎，想撑破蛹壳飞出来。可是这样的过程持续了数小时之久，小孩还是没能看到蝴蝶破蛹飞出，蝴蝶一直处于艰难的辛苦挣扎

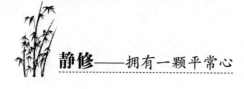

之中。

这时候，小孩萌生了一个主意，他要帮助蝴蝶出来，于是就去找来一把剪刀，沿着裂口将蛹慢慢剪开，于是蝴蝶终于破蛹出来了。可是蝴蝶出来之后并没能飞走，因为它的翅膀不够有力，根本飞不起来。不久，这只蝴蝶就在痛苦中死去了。

表面上看起来，小孩的确是帮助了蝴蝶，加速了破茧成蝶的过程。实际上，由于没有按照既定的规律，最终导致的却是一个灾难性的结果，所以这就不仅是"欲速则不达"，更是"欲速则成灾"了。像上面这样的故事非常之多，比如杀鸡取卵、揠苗助长都讲的是同样的道理。

其实，这样的事例在现实中也屡见不鲜，古代的一些皇太子为了早日安全地登上皇位，想方设法地除掉那些竞争对手，乃至故意在父皇面前演戏，最后往往会露出自己丑恶的面貌，非但皇太子的位置保不住，就连性命也赔了进去。

实际上，做人做事都应有长远的眼光，注重知识的点滴的积累，书要一本一本地读，事情要一件一件地做，功要一次一次地立，保持这样的一种恒常的心态，不急不躁，逐步前进，最终自然会水到渠成，达成自己的目标。要知道许多事业都必须有一个痛苦挣扎、缓缓前进的过程，而这也是让你的生命升华的一个过程。

 2. 凡事不可过分苛求

在追求成功的道路上，选定了目标之后，不懈地坚持下去是一种执着的精神，这种精神对实现目标是必不可少的。然而，在很多时候，过于执着却不是一件好事情，比如，你在执行目标的过程中，发现目标不符合实际。这个时候，如果你还刻意地执着坚持，只能变为一种偏执。在这样的情况下，与其苦苦挣扎，蹉跎岁月，还不如及早放下，保持一颗平常心，否则，只会将自己拖入痛苦与失落之中。

在大西洋中有一种漂亮的鱼，银肤燕尾大眼睛，很惹人喜爱。它们生活在海的深处，因此极不容易被人捕捉到。但是，它们却会在春夏之交逆流产卵，会顺着海潮漂流到浅海之中。这个时候，它们极容易被渔民所捕到。

其实，捕捉它们的方法是极为简单的。渔民们只需用一个孔目粗疏的竹帘，下端系上铁，放入水中，由两个小艇拖着。这种鱼的"个性"极为要强，不爱转弯，即便是闯入罗网之中，也会不停地向上游动，所以，就会一只只"前赴后继"地陷入竹帘孔中，帘孔随之也会紧缩。竹帘缩得愈紧，它们就愈会被激怒，会更加拼命地往前冲，被牢牢地卡死，最终成群结队地被渔民所捕获。

其实，我们人类也是如此，总喜欢不停地给自己加负荷，即便其追求的道路是错误的，也不肯轻易地放下，最终白白地浪费了过多的时间与精力。比如执着于名利，执着于空想中的完美，执着于一份痛苦的爱，执着于一个不切实际的幻想……等数年光阴逝去之后，才会哀伤地去空叹人生的虚无。

我们常常会这样自勉："我一定要成为某方面的专家。""我一定要在一个领域内做出最大的成就。"但是很多时候，空有远大的理想与追求只会成为我们的一种负担，会羁绊我们实现那些切合实际的理想。

人生苦短，韶华易逝。人生如果执着于一个目标、一个信念那就是大勇；但是如果目标不合适，或者条件不允许，与其蹉跎岁月、徒劳无功，还不如及早放下。放下那些宏大的不可触及的理想，选择那

些可以企及的目标，时刻保持一颗平常心，你的人生局面就会在瞬间柳暗花明，切实的幸福与快乐就会等在你的身旁。

有一次，晓琳去外地参加一个重要的会议，在一家没有电梯的宾馆，从一楼到五楼之间上下了六七趟。几趟下来，她感觉腿脚发麻、浑身无力。而与她一同参加会议的一位年迈的老太太却大气不喘，精神焕发。

晓琳与老人闲聊后才知晓她已经有七十岁高龄，是这次会议的特邀嘉宾。这么大的年龄还有这么好的身子骨和精气神实在令晓琳十分佩服，就向她讨教养生秘诀。老人说："我的秘诀就是忧愁穿脑过，梦在心中留，对什么事情都不去苛求。"

在谈到自己的梦想时，老人说，自己在生活中与人无争，与己有求，但不苛求。她根本不想做名人，不想当明星，只想做个有所为又有所不为的文学爱好者。在自己三十多岁的时候，当明白自己一生所要的不过是清清淡淡一碗饭后，就主动放下了许多事情，让每天的生活不闲着，也不劳累，早上起来跑跑步，白天读读书，晚上有空写写字，从来都是睡得香吃得甜，从不为什么事情去担忧。然而，正是这种看似平淡的心境，才让她能够沉淀下来，静下心来，为自己创造了极好的创作空间，最后才成为一个了不起的作家。

试想，如这位老人一样乐观豁达，与己有求，但又不故意苛求的人，能不长寿、能不成功吗？不论年轻也好，年老也好，每个人心中都应该有一个照亮心灵的梦想，但是，对于梦想不要苛求，不必为自己制定什么硬指标，比如每月一定要给自己制定完成梦想的具体额度，几年之内要达到什么位置，一生要留下多少财富，等等。这样就是对自己的苛求，是与自己叫板，与自己过不去了，那样的话只会让自己活在劳累和疲惫之中。

要知道，最终能够站在塔尖上的毕竟是世界上的少数人，只要根据自己的能力，坚守自己的梦想，抱着一种顺其自然的心态去追求，只要为此付出努力了，就能够问心无愧，就能够知足，这样才能让自己感受到追求梦想过程的快乐与幸福。

3. 无贵无贱，超然物外

"好好地管教你自己，不要管别人。"其实，这句话是说，我们每个人都不能把自己看得过于卑贱，也不能把自己看得高贵，不用去过分在乎他人的眼光，保持一颗平常心，忘我地工作和学习，这样才能让自己获得平静，品味出生活的真滋味。

生活中，每个人的思想都是不尽相同的，很多人之所以感到累，就是因为活在他人的标准之中，活在他人的期盼之中。这样就完全失去了自我，过分地在意他人的看法，忽视了自己的内在，这样只会令自己疲惫不堪。

有一次，一位来自美国的富太太在巴黎旅游，当她走到巴黎市中心花园的时候，看到一位老头儿正在专心地浇花剪草，本来凌乱的花木在他的修整下却变得齐整而美丽。老太太看到老人如此娴熟的修剪功夫，就想聘他到美国去做自己的私人花园园丁。

于是，她就问对方："你愿意到美国去做我的园丁吗？我给你的工资绝对是你现在工资的三倍，并且到那里还能帮你解决旅费和住宿。"

而这个老头儿却极为有礼貌地回答道："夫人，谢谢您的好意。但是，我现还有其他的职务在身，不能够离开巴黎。"

"那你就全部辞掉吧，我会给你补偿金。你还有什么兼职，还是

从事什么副业？送牛奶还是养鸡？"

老头微笑着说："都不是，我希望在下次选举中，如果人们都不投我的票的话，我就会接受你的美差！"

"什么投票呢？"老太太惊讶地问道。

"夫人，我的名字叫安里，除了这个园丁的工作外，我还在兼任法国的总统。"

作为一位法国总统，安里能够随时放下自己"高贵"的身份，到园中去修剪花木，这种无贵无贱、超然物外的处世心态，实在令人敬佩。

在现实生活中，这样的事情屡见不鲜：一个成绩好的学生，在关键时刻却显示不出自己的真水平；有些有实力的运动员，在关键的时刻却发挥不出真水平……这主要是因为他们不能超然物外，忘记自己，将自己束缚和囚禁在自我狭小的范围之中。

一个人只有忘记自己，才能全心全意地投入到自己所从事的事业之中，才能做出一番真成就来。实际上，那些有极高境界的大人物，都有一颗忘我的平常心。他们能够随遇而安，不摆谱，不端架子，能够平易近人，让人由衷地佩服。

季美林是受人尊敬的国学大师，晚年一直在北京大学任职。

有一年的秋天，北京大学新学期开学了，一个外地来的学子背着大包小包走进了校园，因为实在太过劳累，就把包放在路边。

这时正好一位老人走了过来，年轻学子就迎上前去，拜托老人替自己看一下包，而自己则轻装去办理手续。老人爽快地答应了。

过了近一个小时，这个学生回来后发现老人还在尽职尽责地看守着他的包。学生谢过这位老人之后，就走开了，他没有想到这位老人正是有名的国学泰斗季美林。

几天之后，就在北大的开学典礼上面，这个年轻的学生才惊讶地发现，主席台上就座的北大副校长季羡林正是那天替自己照看行李的老人。

作为中国文化的泰斗之一，季羡林却能够放下学者的身份，无贵无贱，超然于物外，保持一颗平常心，实在令人敬佩。

当一个人获得了极高的地位，达到了很高的境界，如果能够忘记自己的身份，忘记自身的地位，做到随遇而安，超然于物外，就能得到人们的尊重和崇敬，而这样的人生也是极为快乐和幸福的。相反，那些没有多少成就、没有什么贡献的人，平时故意抬高自己、觉得自己总高人一等的人，就要进行深深的反思了。

4. 随心随性随缘，才能快意人生

"笑着面对，不去埋怨。悠然，随心，随性，随缘。注定让一生改变的，只在百年后，那一朵花开的时间。"人的一生会经历很多艰难曲折和困苦打击，我们只要保持一颗悠然的心，随性随缘地生活，才能让我们度过一个快意的人生。

人们生活在这个世界中，会遇到很多不顺心的事情，情感的打击、婚姻的破裂、身体的损伤、降职、失业……当这一切来临的时候，难免会让人焦虑不已，内心可能再也没有安宁的时刻，更无法享受到生活的安静与安详。正所谓"缘来缘去缘如水"，一切事情的发生，必定是有一定的原因的，我们无须苛求，不必太过执着。只有这样，才能让我们不被世事纷扰所打扰，才能快意地度过自己的一生。

一年春天，寺院前面草地上光秃秃的，一位小和尚找到他的师父这样说道："庭院前面的草地上光秃秃的，赶快撒点种子吧！"

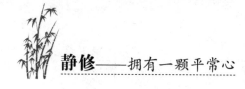

师父不紧不慢地回答道："不着急，随时。"

过了几天，师父终于把种子交给了小和尚，师父对小和尚说："去种吧。"

小和尚接过种子，马上就向院子跑去，高兴地撒起了种子。不料，突然一阵风起，撒下去的种子被大风吹走了不少。

于是小和尚着急地跑去对师父说："师父，好多种子都被风吹走了。"

师父依然是不紧不慢地说："没关系，随性。"

于是，小和尚又跑到院子继续撒种。不想，这时却飞来几只小鸟，在土里一阵刨食，把很多种子都给吃了。小和尚气急败坏地追打鸟儿，然后向师父报告说："师父，糟了，种子都被鸟儿吃了。"

师父还是不紧不慢地说："急什么，种子多着呢，吃不完，随遇。"

然而，更令人想不到的事情又发生了。半夜，一阵狂风暴雨席卷而来，把院子冲洗得干干净净。

小和尚来到师父房间带着哭腔对师父说："师父，这下全完了，种子都被雨水冲走了。"

师父还是不紧不慢地回答道："冲就冲吧，冲到哪儿都是发芽，随缘。"

小和尚听了师父的话满头雾水。

几天过去了，昔日光秃秃的地上长出了许多新绿，就连没有播种到的地方也有小苗探出了头。

小和尚高兴地说："师父，快来看啊，都长出来了！"

师父却依然平静如昔地说："应该是这样吧，随喜。"

小草有小草的生命规则，只要有水有泥的地方就能发芽。只要你撒下了草籽就不必担心小草不能发芽，缘分到了，自然能生出芽来。

我们的生活也要随性而为，要随缘，保持一颗平常心，不必刻意强求。如果你过于担心，只会影响你的生活与工作。任何事情都有其规律，与其百般思量，不如随性而为，这样才更容易让我们感受到生活的乐趣与意义。

从前有一个书生，在进京赶考前与他的未婚妻约好了结婚的时间。结果，到了结婚的那一天，未婚妻却离开了他，并嫁给了别人。书生受此打击，从此一病不起。

有一天，一位过路的远方僧人说能够看好书生的病，于是家人在无奈之下就将其请到了家中。僧人看着奄奄一息的书生，从怀中掏出一面镜子给他看。

书生看到镜子中有这样的情景：在茫茫的大海中的沙滩上有一名遇害的女子，她一丝不挂地躺在海滩之上。其中，有一个人走了过来，看了女尸一眼，摇摇头就走了，没有做任何事情。

过了一会儿，又走过来一个人，看了女尸一眼，然后将自己的衣服脱下，慢慢地给女尸盖上，但是仅仅这样，然后也走了。

接着，后面又走过来一人，他停了下来，挖了一个坑，小心翼翼把尸体掩埋了，然后才迈开步子走了。

接着，僧人就向书生解释道："海滩上的那具女尸，就是你未婚妻的前世。你是第二个路过的人，曾给过她一件衣服。她今生和你相恋，只为还你一个情分。但是她最终要报答一生一世的人，是最后那个把她掩埋的人，那人就是她现在的丈夫。"

书生听过之后，一下子释怀了，病也很快好了起来。

万事万物皆由"缘"而定，我们无须去刻意苛求，只需保持一颗平常心，一切随性、随心、随缘，这样才能获得快意的人生。

随性生活是一种坦然的生活，是一种乐观的生活。在物欲繁杂

的现代社会中，它更要体现的是一种心境、一种精神、一种对生活的态度、一种至高的生存追求。随性生活，才能使我们放宽心思，才能使我们欣赏到生命中真正精彩的部分，才能活出真色彩。

上天既然给了我们生命，我们就应该活出它的价值，而随性生活，就是顺着自己的心意去探寻生命的轨迹，不必去计较一时的得失，不必去在意那些身外之物，这样才能让自己切实地活出真正的自我，才能体现出自我的真正的价值。

5. 完美本身就是一种不完美

"人之所以痛苦，在于追求错误的东西。"什么是错误的东西？就是不合理的东西。其中"完美"就是不合理的，我们无须去苦苦追求，否则只会置自己于痛苦之中。

其实，完美本身就是"不完美"主义者提出的。"金无赤足，人无完人"，这个世界上没有绝对的完美。生活中我们所谓的"完美"只是"不完美"主义者的一个梦想罢了。

生活中，很多人都认为那些过于认真、追求完美的人是可爱的，认为他们能够把自己的工作做得极为出色，让生活变得极为精彩，也能让人生变得极为幸福和充实。然而，它也能够让人变得痛苦不堪，憔悴无比。

《茶之书》是日本仓冈天心所写的名作，在书中有这样一个故事：

茶师千利休看着儿子少庵在认真地打扫庭园。一会儿，儿子就完成工作了，而茶师却说道："你打扫得太不认真了，根本不够干净。你必须重做一次。"于是，少庵又花费了一上午的时间去打扫。

然后他说道："父亲，我现在已经没事可做了。石阶已经清洗了三次了，石灯笼也擦拭了很多遍。树木也全部浇了一遍，就连苔藓上也一尘不染地闪耀着翠绿。完全没有一枝一叶留在这上面。"

茶师却斥责道："傻瓜，这根本不是打扫庭园的方法。这是洁癖。你懂吗？"说着，他就快速地步入园中，使劲地摇晃一棵树，抖落了一地金色和红色的树叶。最终，茶师说道，打扫庭园不只是要求要清洁，也要求美和自然，凡事太苛求，不仅是在给自己增加负担，也让事情本身失去了原有的美。

千利休看似在训诫儿子少庵做事太死板、生硬，实则是在斥责他的苛求。苛求绝对完美的心态与做法，不仅违背了自然，也往往使我们离完美太过遥远。

做任何一件事情，保持一种随心的态度是极为重要的，勤劳、对自我要求高原本是一种美德，但是一旦将自己的要求提高到了十全十美的程度，那就成为了苛求，既不能得到修身养性的益处，心情也不会愉快。

无论是工作还是待人接物，我们固然都要尽己所能，但不能够苛求。一个人对工作上心，勤力于工作是值得赞扬的美德，但是如果因为工作而忽略了自身的家庭与健康，那么，长久下来，人生的画面必定会出现各种偏差。当一个人为了追逐幸福的尾巴不顾一切，最终只会离幸福越来越远。

上帝在造完了人之后，接着就去造动物。在造鸟类的时候，上帝摆出了各种各样颜色的羽毛，让鸟类随便挑选。

各种鸟儿挑来挑去，过了一段时间之后，大家都有了自己的选

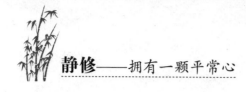

择，最后凤凰选择了红色和绿色，然后又挑选了各种色彩进行装饰；喜鹊只是选择了白色和黑色；黄鹂选择了黄色，又选择了其他的颜色进行装饰。麻雀对羽毛没有什么要求，随便捡起了一些土褐色的羽毛，穿在身上试了试，接着就非常高兴地跳走了。

蝙蝠看着各种各样颜色的羽毛，左看看右瞧瞧，哪一种也看不上。

当它看到凤凰选择了红色和绿色的时候，它不屑地说了一句："哼，这是什么玩意儿呀？"

当它看到喜鹊选择了黑色和白色的时候，它又歪着脑袋道："真好笑，又不是家里死了人要办丧事，居然选择这种颜色！"

当它看到麻雀选择黑褐色的时候，它在心里嘀咕个不停："真是土得掉渣。"

上帝看到其他的鸟儿都选择了自己喜欢的颜色，只剩下蝙蝠没有选择，于是就去问蝙蝠道："你没有选择任何颜色的羽毛？"

蝙蝠回答道："是的，这些我都看不上，觉得不完美。你能不能再造一些更为完美的颜色让我来挑选？"

上帝说："我已经造出了所有颜色的羽毛，而且每一种颜色都是完美的，关键是看你想要什么样的颜色。既然你都看不上，那么就不用做鸟了，去做兽吧。"

蝙蝠马上说道："做兽可以，但是我要做个完美的兽。"

上帝困惑地问它："怎样才是完美的兽？"

"完美的兽就是它不仅会飞而且会走。"

上帝觉得这好办，于是又问了一句："那你要翅膀吗？"

蝙蝠说要翅膀，于是上帝答应了蝙蝠的要求，创造出了万物之中所谓最为"完美"的动物——不伦不类的蝙蝠。

蝙蝠本来可以成为一只自由飞翔的鸟，可它总是找不到所谓的完美的羽毛，结果放弃了所有的羽毛，最后只能成为鸟不鸟兽不兽的怪物，这都是过于追求完美的结果。在现实生活中，与蝙蝠一样的人又有多少呢？

不可否认，追求完美是人的一种心理特点，或者说是人的一种天性，按道理说，这并没有什么不好。人类也正是在这种追求中才不断地完善自己，创造出了这个五彩缤纷的世界。但是凡事都要适度，如果因为差缺那么一点点而耿耿于怀或顽固到底，就大可不必了。要知道，为了从 99.9% 跨越到理想中的 100%，你会为最终的那 0.1% 付出多出正常标准很多倍的时间、精力等资源。更何况，世界上 100% 的完美根本就不存在，我们所谓的完美，只是一句极具诱惑力的口号、一个漂亮的陷阱。

哲人说："不求尽如人意，但求无愧我心。"要知道，在这个世界上，十全十美的东西是不存在的。追求完美只是一种憧憬、一个向往，只是生活的一个过程和一种体验而已，只要做到问心无愧就是一种完美了。

"为山九仞，功亏一篑"，虽然是一种遗憾，但"金无足赤，人无完人"却是一条亘古不变的真理。人生总会有不尽如人意的事情，出现了缺憾，我们需要保持一颗平常心，对于各种得失、缺憾和成败都泰然视之。如此才会发现缺憾就如那断臂的维纳斯一样，也是很美的，这样也就不会为了空中楼阁的完美而耗费自己的心血。

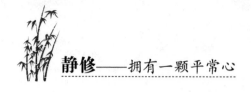

 ## 6. 笑看风雨，一蓑烟雨任平生

"在顺境中修行，永远不能成佛。"一个人如果一直都是一帆风顺，那么就很难取得让人瞩目的成就；只有经过不断锻炼，才能早日登上成功的顶峰。因为一个人总是处于顺境，那么就难以得到更多的磨炼，所以说顺境对人的成长来说，它发挥的作用反而不大。

人生不如意之事十之八九，每个人在追求的道路上都不可避免地会遇到风风雨雨。然而，要明白，正是这些风雨才使我们的生命变得更为坚强，也正是我们在与这些困境不断抗争的过程中，才体会到了生命的厚度，才使生命显得更为丰富和精彩。所以，当风雨来临的时候，我们要笑看风雨，以一颗平常心对待，这样才能使我们的生命变得更为坚强、更为有意义。

可以试想，在人生的岔道口，你若选择了一条平坦的大道，你可能会过一种舒适而享乐的生活，这样会使你失去一个历练自己的机会；而若你选择了一条坎坷的小路，你的青春也许会充满痛苦，但人生的真谛也许就会从此被你渗透。

其实，每个生命的成长的过程恰似蝴蝶破茧的过程，在痛苦的挣扎中，意志得到磨炼，力量得到加强，心智得到提高，生命在痛苦中得到升华。当你从痛苦中走出来时，你就会发现，你已经拥有了飞翔的力量。如果没有挫折，你也许就会像那些受到"帮助"的蝴蝶一样，萎缩了双翼，平庸一生。

从前，有一位德高望重的渔夫，有着极为高超的捕鱼技术。渔夫因为自小就善于捕鱼，很早就为自己积累下了一大笔财富。然而，随

16

着年龄的增长，年老的渔夫却一点也不快活，因为他为自己的三个儿子发愁，三个儿子的捕鱼技术都极为平庸。

为此，他就向长年生活在海边的一位智者倾诉心中的苦闷："我实在是弄不明白，我的捕鱼技术如此好，而我的三个儿子却为什么没有一个能成材的？我从他们懂事的时候就开始不停地把自己的捕鱼技术传授给他们，我从最基本的开始教起，总是告诉他们如何织网最结实、最容易捕到鱼，怎样划船才不会惊动水里边的鱼，怎样下网最容易请鱼入瓮。等他们长大后，我又传授给他们如何识潮汐、辨鱼汛……凡是我多年来辛辛苦苦积累出来的经验，我都毫无保留地传授给了他们，但是为何他们的捕鱼技术还不如海边那些普通渔民家的孩子呢？"

智者听了他的话，便问道："你一直是这样手把手亲自教他们的吗？"

"是呀。为了让他们学会一流的捕鱼技术，我教得很是仔细，很是认真，从来没保留什么！"渔夫回答。

"他们也一直跟随你吗？"智者又问道。

"是的。为了让他们少走弯路，我一直让他们跟着我学习。"渔夫说道。

智者说："这样说来，你儿子们的捕鱼技术就不会好到哪里去！你只知道传授给他们捕鱼技术，却从来没有传授给他们教训，也不让他们亲自下海多演练。没有历经任何艰险，如何能准确地领悟到你的那些经验呢？"

是啊，渔夫的儿子们从来没有经历过任何磨难，没有遇到过任何挫折，他们如何能获得成长呢？在生活中，只有经历磨难的人，才能更快、更好地成长，生命也只能在不幸与困境中得到升华。在人的一生中，总会遇到灾难、失业、失恋、离婚、破产、疾病等各种各样

17

的厄运；即便你比较幸运，没有遭遇这些，也可能会遇到来自生活的各种各样的压力和烦心事。当你面临或遭遇它们的时候，就一定要用一颗感恩的心去拥抱它们，正是它们才给了你更多成长和锻炼的机会，让你以更为坚强的心态去面对生活中的一切。

事实就是这样，没有经历过风雨折磨的禾苗永远结不出饱满的果实，没有经历过挫折的雄鹰永远不能高飞，没有经历过战争洗礼的士兵永远当上不元帅……这些就是自然界告诉我们的一个极为简单的真理：一切事物如果要变得更为坚强，就必须经历一些不幸和困境。

 ## 7. 失即是得，得即是失

"舍得，舍得，有舍才有得。"其实，舍与得是无法分割的一体两面，失伴随着得而来，得伴随着失而显，正如生与死不可分离，生与死不过是生命另一种形式的得与失。

在现实生活中，我们都渴望能够得到财富、名誉、地位……殊不知，在我们费尽心思得到这些的同时，必然会失去快乐、幸福、自由等真正可以体现到生命真实意义的东西。

有人获得了财富，却可能会因此失去健康和感情，从而丢失了幸福；而有人虽然在事业上没有成就，却能够获得自由、幸福等。所有的得失都是相对的，都是公平的，我们无须过分去计较。

有一家人，过着平静的生活。

突然有一天，来了一个陌生的女人，衣着十分华丽，长得十分漂亮，一看就是一个富贵之家的千金。

主人连忙问道："您是哪一位？"

这位美人回答说："我是给予人们富贵的财神。"

于是主人非常高兴地将她请进屋里，拿出各种各样好吃的东西，对她进行殷勤的款待，仿佛是接待自己最为友好的朋友。

不久之后，又响起了敲门声，主人开门一看，又是一个陌生的女人，衣着十分破旧，相貌极其丑陋，仿佛就是大街上的乞丐。

于是主人又连忙问道："您是哪一位？"

这个丑女人回答道："我是使人贫穷的瘟神。"

主人立刻赶到十分惊恐，就想立刻把她赶走。

可是丑女人告诉他："刚才来的财神是我的孪生姐姐，我们姐妹从未分开过。如果你要把我赶走，那么姐姐也会立刻离开。"

但主人听完之后，还是把丑女人给赶走了。

可是当主人回转头看时，果然，美丽的财神也消失了。

这个故事告诉我们，得与失是一对孪生姐妹，有得就必有失，有失也必有得。有生就会有死，有幸福就会有灾祸。所以，我们在面对得与失的时候，要以一颗平常心对待，不必过于计较，这样才能获得更长久的快乐与幸福。

在一座石山上，有两块形状差不多的石头。它们共同在山上待着，但是四年之后，两块石头的命运就发生了很大的变化。其中一块石头脱胎换骨，成为受万人敬仰的佛像；而另一块石头则每天只是默默无闻地在路上，受万人的贱踏。

看到如此巨大的反差，那块受万人践踏的石头心中很是不满，就问道："老兄啊，三年之前，咱们还同为一座山上的石头，今天为何会有如此大的差距呢？"

另一块石头回答道："老兄，你不知道啊。在三年前，一位雕刻师来到我们这里，我们俩都请求他把我们雕刻成艺术品，但是，当他

刚刚你在身上动了三刀，你怕痛不让他动你了。而我那时候却只想着自己未来的模样，所以根本不在乎刻在身上一刀刀的痛苦，就坚强地忍耐下来了。为此，我们的命运就发生了如此大的改变，我忍受了千刀万剐之苦最终才成为一尊受人敬仰的佛像。而你无法忍受雕刻之苦，人们也只会拿你当垫脚石了。"

同样的两块石头，一块愿意承受苦难，忍受了痛苦，看似失去，最终却得到了万人的崇敬；而另一块石头，不愿意承受苦难，看似得到，实则是失去，成为受人践踏的石头，痛苦一生。

同样，在奋斗的道路上，要获得发展，取得成绩，必然要经历一些磨难，除非你一生都想一事无求，碌碌无为。为此，我们也要对自己的人生有个理性的认识，学会保持一份平和的心态，坦然地面对人生之路上的痛苦，坦然面对生活与未来，这样一些过分的、毫无必要的忧虑就会远离你。

另外，你一定要明白"祸兮福之所倚，福兮祸之所伏"的道理，你所期望的幸运之中可能暗藏玄机，你所遭受的逆境中也可能存在幸运，你无须过分地为未来的不幸和挫折所担忧，也许你所担心的灾难之中蕴藏着意想不到的幸运。总之，只要你能以一颗淡然的心态、以积极乐观的心态去面对眼前的一切，那么你的收获才会多于损失，幸福才会大于烦恼，人生才能拥有真正的快乐。

第2章 正心之道：心平行直无须参禅

无论在什么情况之下，无论做什么事情，我们都要把心给摆正，而不能有一颗邪僻的心，只有这样，我们的良心才能得到安宁。也只有这样，我们才能全身心地投入，从而取得人生的成功。如果没有一颗正心，即便你修佛参禅也是于事无补，白白浪费时间，耽误了自己的生命。

1. 顺其自然，跟着感觉走

《菜根谭》里有这样一副对联："宠辱不惊，闲看庭前花开花落；去留无意，漫随天外云卷云舒。"这是告诉我们，为人处世，要能够视宠辱如花开花落般平常才能够不惊，视名利如云卷云舒般变幻才能够惬意。这是一种极高的人生境界，说来容易，做起来难。谁能够保证这一生都能够做到不忧不惧、不悲不喜呢？许多事情，我们只能够面对，却是无力改变的。所以，想要活得轻松自在，活得幸福快乐，就应该学会顺其自然，顺着自己的心意、心境，跟着自己的感觉走。

世界著名的迪士尼乐园经过几年精心的施工准备，马上就要对外开放了。但是作为迪士尼乐园的设计师格罗培斯却倍感焦虑，他在为各个景点之间的路该如何连接而发愁。

那一天，他独自一人驾车来到地中海海滨，想给自己放松一下，好让自己在轻松的状态中想出一个好的设计方案。汽车在法国南部的乡间公路上自由地奔驰着，这里漫山遍野都是当地农民的葡萄园。

当他的车子拐进了另一个小山谷的时候，他发现里面停着很多辆车。于是，他就好奇地下了车，看到一些人挎着篮子在葡萄园里摘葡萄。原来，这是一个无人看守的葡萄园，你只要在路边的箱子里投法郎就可以任意摘一篮葡萄上路。

　　格罗培斯看到葡萄园的这种做法，一下子有了灵感。原来，这位葡萄园的主人因为年事过高，无力照料这个园子，才想出了这个办法。令人不可思议的是，在这个盛产葡萄的地区，他的葡萄总是最先卖完。这种给人自由、任其选择的做法让格罗培斯触动很大。

　　回到家中，他就找到了施工部，让他们撒上草种，并且准备提前开放迪士尼乐园。在迪士尼乐园提前开放的半年里，草地上出现了许多小道，这些被踩出的小道有宽有窄，优雅自然。第二年，格罗培斯让人按这些踩出的痕迹铺设了人行道。后来，在1971年的伦敦国际园林建筑艺术研讨会上，这个迪士尼乐园的路径设计被评为世界最佳设计。

　　任何一件事物都有自己独特的风采和特点，我们如果依照个人的意愿只会抹掉其本来的面目，毁了它原本的价值，还不如顺其自然。这也是我们对待人生的一种极好的态度和方法。

　　一位作家曾说："在人生里，我们只能随遇而安，来什么，品味什么，有时候是没有能力选择的。学会随遇而安，你能够轻松地挫败生活中许多看似不可战胜的困难。这是面对生活最为强硬的方式。"是的，在很多时候，逃避根本不是最好的方法，转身也不一定是软弱，面对人生的各种境遇，没有必要委屈自己，也不必为之感叹、抱怨和痛苦，无论来去与否，无论漂流到何方，任你红尘滚滚，我自朗月清风。人生本就很短暂，何不让自己活得自在些呢？

2. 快乐都蕴藏于平凡之中

　　左边是悲伤，右边是快乐，向左还是向右，只在一念之间。快乐都蕴含在平凡之中，只要用心体验，快乐的蝴蝶就会在你周围飞舞，让你的生活日日生花。

　　你心中的快乐是什么？是一簇热情的阳光，还是活力十足的能量？快乐时，无论伤感的风还是多情的雨，无论惆怅的黄昏还是凄美的月夜，都能让你周围散发出愉快的香味。快乐能为你原本乌云笼罩的心雨过天晴，能使周身弥漫的悲伤气息消散，快乐就是拥有如此大的能量。

　　忙碌的生活和浮躁的世界，剥夺了现代人的快乐。为了填不满的物欲而痛苦，为了是非计较而郁闷，为了莫名的闲愁而失落……我们总是打着寻找"快乐"的旗号，让自己变得不快乐。其实，快乐就存在于平平凡凡的生活之中，只要用心体验，它就在我们的周围。

　　一个城市的建筑工人，为了生活，每天都必须在工地上流血流汗地拼命工作。夏天他将自己曝晒在烈日之下，汗流浃背；冬天，他又必须在大雪纷飞中忍受严寒。这种长年累月的艰辛，让他厌倦了当下的生活，每天都闷闷不乐，忍受着身体和精神的双重痛苦。

　　然而，这一天，当他拖着疲惫的身躯回到家中的时候，他猛然看到家人一如既往地在厨房中忙活着为他做饭、烧水；几个孩子在屋中快乐地嬉戏，一看到他回到家中，便都兴奋地扑了上来……正是在这个时候，他发现自己简陋的小屋中竟然充满了别样的温馨。他慢慢地走进厨房，用一种充满爱意的感动将妻子抱起来，转上一圈。妻子的体重并不比50千克重的石头轻多少，但是，他的内心却洋溢着幸福和快乐的味道。

这样一个小小的动作，就让快乐和满足将他一天的疲惫赶走，使他再也感觉不到任何劳累了。

快乐蕴藏在平凡的生活中，它与物质的多寡无关，与身份地位的高低无关，只要用心去体验，便随手可得。

看吧，那些在草地上玩耍的孩子，脸上都洋溢着快乐的笑容，滑梯之下，小桥边上，欢乐地嬉戏玩耍。葱葱绿荫之下，父母们面带微笑津津有味地聊着家常，不时还看看玩耍中的孩子。对他们来说，人生最大的快乐，就是陪着孩子，与周围的人闲聊一番，这也是属于他们的最为简简单单的快乐。

夕阳西下，在令人无限惬意的花园中，一对年迈的老人，在小径上面缓缓地走着，边走边聊，笑颜不时地在他们脸上绽放。在他们身上，看不到"夕阳无限好，只是近黄昏"的苍桑的感慨，有的只是属于他们老两口享受生活的无限喜悦与甜蜜。就这样，在暖暖的阳光之下，老头子与老婆子相识相约，带着"执子之手，与子偕老"的誓言，慢慢地一起走到下半辈子，直到慢慢地老去，在浪漫中享受他们的一生。这样简单的快乐，只属于他们。

活力的阳光、娇艳的花朵、绿油油的草坪、孩子的笑声、静谧的月光……这些看似平凡的事物，都可以让我们找寻到久违的快乐。美好的人生需要快乐去点缀，让我们学会微笑，用心体验平凡，让自己快乐起来，不仅为获得一份真挚的友情，还为获得一份珍藏的回忆、一次美好的精神体验而快乐。如此，平淡的生活也会灿烂如花！

3. "善行"终会得"善报"

处处行善、乐于施与的人就像是在"福报"的银行中不断地储存，越存越多，最终成为有大福报的人，也会成为世上最快乐的人。

如何向他人行善呢？快乐地施与或者捐献，可以用财物以及金钱，也可以用时间以及体力，可以用知识以及技能，可以用观念以及方法，更可以用自己的品行和信誉，等等。

其实，在日常生活中，每做一件好事都是在行善，只要心中有慈悲之心，心怀众生，为世间多做善事，给众生安全感，也能够享受到行善者的快乐和福报。

在一个又黑又冷的夜晚，一位中年妇女的汽车在半路上抛锚了，四周一片荒凉，没有人能够帮助她。一个小时以后，总算有一辆车经过，开车的男子见状，就下车帮忙。几分钟以后，车子就修好了，妇人问对方要多少钱，对方却回答道："这么做完全是助人为乐。"但是，妇人却一再坚持要付一些修车费，那名修车的男子谢绝了她的好意，并建议她把钱给那些比他更需要的人。最终，他们就各自上路了。

后来，妇人又开着车到一家咖啡馆，一名身怀六甲的女招待即刻为她送上一杯热气腾腾的咖啡，并且问她为何这么晚还在赶路。于是，妇人就讲述了刚才遇到的事情。女招待听到以后，感慨这么好心的人现在真是太难得了。妇人问对方这么晚为何还在工作，而女招待说是为了迎接孩子出世需要赚取第二份薪水。妇人听后马上就付给了女招待200美元的小费。对方欲谢绝，妇人却执意要让她收下。女招待惊呼她不能够收下这么一大笔小费。妇人回答道："你比我更需要它。"

这名女招待回到家之后，将自己在咖啡馆的遭遇告诉了自己的丈夫。让她极为惊讶的是，她的丈夫正是曾经帮忙修车的好心人。

这个小故事告诉我们一个道理：种瓜得瓜，种豆得豆。你的"善行"终会得到"善报"，我们在"播种"善果的同时，也种下了自己的未来，你所做的一切都会在将来某一天的某一时间、某个地点，以某种方式，在你需要的时候回报给你。"能吃亏的人是有福的人，能施舍的人是富贵之人"，所以，我们要得到"福贵"，一定要学会施舍，懂得吃亏行善，这是获得幸福和快乐的源泉。

善报是世间万物的因果循环，当你付出了辛苦的汗水之后，就一定能够得到收获的喜悦。漫漫人生道路上，我们还有许多事情要去做，积德行善可以让生活变得有滋有味，而斤斤计较、处处算计只会让你的心灵背负上沉重的负担。

4. 慈悲是征服人心的最好武器

"慈悲是你最好的武器。"征服人心最好的武器不是残酷的兵刃，而是慈悲之心，它能够于无形之中降服别人的内心，让一颗邪恶的心变得高尚，让一颗污浊的心变得洁净。

世界上没有比仁心更有力量的了。生活中，当面对他人的伤害的时候，如果你心存仁爱，就能够打破人与人之间的冷漠和冰冷，能打破人与人心中的"围墙"。在很多时候，仁爱比尖锐的武器更能收服人心，更能制服敌手。

有位梦窗国师，有一次，他要到信徒家里做佛事，于是搭船渡河，当船正要离岸的时候，碰到一位将军。这位将军带着佩刀，手上拿着鞭子，站在岸边大声喊叫："喂！等一下，载我过去！"

这时全船的人都不满道："船已经开了，不可以再回头了。"

这时候梦窗国师开口说道："船家，这船还没有走多远，就给他一个方便，返回去载他一趟吧！"

撑船的人看到是一位出家人说情，于是就掉转回头，让那位将军上了船。

没有想到，这个将军一上船，看到船里坐着一位出家人，就拿起鞭子抽打梦窗国师说："和尚！闪到一边去，把座位让出来！"

这一鞭力度狠辣，重重地打在梦窗国师的头上。血汩汩地流了下来，国师一言不发把位子让了出来。

船里的人看了，一个个都非常害怕。当船开到对岸，大家一一下船，梦窗国师也跟着大家下了船，走到江边，默默地把凝结的血块洗掉。

这位蛮横的将军看着一言不发的梦窗国师，忽然觉得对不起他，于是上前跪在国师面前忏悔。国师心平气和地说："不要紧，出外人心情总是急躁些。"

是什么力量降服了这位骄慢粗鲁的将军？很显然，就是慈悲的力量。慈悲的力量可以化嗔恨为和平，变暴戾为祥瑞。在慈悲之前，顽石也会点头，强盗也能被感化。要是梦窗国师是个没有道行的人，像普通人一样，与这位将军激烈相争，乃至厮打一团，也许会使结果变得糟糕十足。可能有人会觉得这是一种懦弱，是一种无能的表现，其实，它是一种大智慧，能够克制强硬的敌人。

老子说："上善若水，水善利万物而不争。"其实，人的慈悲之心就是水，它能够化解人间所有的仇恨，能将人从苦难中解救出来，能够震撼人的心灵，净化人的身心，让人永远积极向上。

在日本有位空也上人，有次出外弘法时，经过一条山路，走着走着，突然蹿出几个凶狠的强盗，手持尖刀向他要过路费。

空也上人看了之后，不觉掉下眼泪。

强盗们一看，一个接一个地哈哈大笑起来："真是一个贪生怕死的出家人。"

空也上人静静地回答说："我是想到你们这伙人年轻力壮不为社会做有意义的事，却成群结党去打家劫舍，眼看将来就要堕入地狱去受苦，我替你们着急才流下眼泪。"

强盗们听了空也上人如此慈悲的言语，当时就被感化，放弃了强盗的勾当，成为空也上人的弟子，跟随他进行修炼。

一向争强斗狠的土匪强盗在慈悲之前也会被感化，也开始修行。慈悲的力量无坚不摧，它的神奇作用超乎人们的想象。

有这样一首诗："慈心一任蛾眉妒，佛说原来怨是亲；雨笠烟蓑归去也，与人无爱亦无嗔。"这是说，人只要拥有一念慈悲，万物皆善；只要我们拥有一心之慈，万物皆庆。

在很多时候，慈悲的力量是威猛的，远胜一般的武器。因为武器仅仅能够威吓人于一时，而慈悲的力量却能够绵延至远，无穷无尽。慈悲不仅仅是抚慰人心灵的良方，更是救急扶危的圣药。所以，如果你想征服别人，那么，先学着用慈悲征服自己吧。慈悲是比任何力量都要厉害的武器。

5. 莫被流言绊住脚

俗世凡人，总是非常在意别人对自己的看法和评价，其实自己站得直、行得正，丝毫不必介意别人的扭曲和是非，正所谓"担当生前事，何计身后评"。

俗话说："哪个人前不说人，谁人背后无人说？"人活于世，身后难免会有是非流言，也难免会被别人议论，甚至被误解。在这样的情况下，很多人都可能会伤心、难过，情绪难免会被流言所左右。其实，只要你能冷静下来想一想，这是大可不必的，因为所谓的"流言"只不过是你耳边的一阵风而已，在它产生的一瞬间便已经没有对错之分。如果你与其较劲，就是在拿别人的错误惩罚自己。

刘丽刚毕业就到一家大型的汽车销售公司工作，因为刚入公司没什么经验，不知道如何应付难缠的客户。见到此情景，一个叫李娜的女孩主动帮她，再挑剔的客户李娜都会主动帮刘丽搞定。当刘丽业绩不好的时候，李娜还会主动向她介绍自己的客户。半年多的相处中，刘丽与李娜建立了深厚的友谊，她们就成了无话不谈的闺密。

后来，刘丽就凭借自己业务上的成就，做到了销售管理者的位置。但是，正在自己欣喜不已的时候，她却收到了来自好朋友李娜的意外之"礼"。

那一次，刘丽与李娜共同负责一个大客户，因为事前刘丽就对客户的购车意见进行了详细的了解，客户就单独约定要与刘丽细谈。当时，刘丽就感到李娜的尴尬，想去安慰她。但是她后来又想，她们之间的亲密关系，李娜应该是不会介意的。

但是，第二天上班后，刘丽却听到所有的同事都在小声地议论她。后来，她才得知是自己的好朋友李娜散布的谣言，说自己昨天与客户在酒店交谈彻夜不归。看到同事们都在用异样的眼光看自己，刘丽感到十分揪心。随后，这件事就成为其他同事茶余饭后的谈资……刘丽当时感到受到了屈辱，痛苦极了。但是她又相信：是非止于智者，清者自清，浊者自浊，时间会证明一切。随后一段时间，大家也都觉得李娜所说之事经不起推敲，也就没人再提起此事了。

刘丽在无意之中被卷入了"是非"之中，但是她不予理会，最终谣言也不辩而散了。所以，在生活中，我们也要像刘丽那样，相信"是非止于智者，清者自清，浊者自浊"的道理，将谣言搁置一边不予理睬，这样才能真正地终止流言，让自己获得内心的平静和快乐。

要知道，很多流言多数是在人们不平衡的心理作用之下产生的，对于这样的流言，我们应该一笑了之。因为别人忌妒你，说明你比对方优秀，一个优秀的人是没有必要与一个不如自己的人计较的。

再者，对方在背后传你的流言，无非是让人心里难受的，如果你真的为此而计较难过，那不刚好中了对方的圈套吗？

所以，对于生活中的一些流言，我们完全可以置之不理。但是，对于一些子虚乌有，且已经对自身的名誉造成了重大损害的流言，我们则可以考虑以法律的形式加以追究；即便是借助法律武器，也没必要有太大的心理压力，因为一切都是人之常情而已。

总之，路是你自己的，人生也是你自己的，不必太去在乎别人对自己的看法。任何人的看法与建议都不能从实质上改变什么。真正懂得对自己好的人，是能正视流言、有所取舍的人，这样的人才能更为真实、快乐和惬意地活着。

6. 认清你自己

"愚痴的人，一直想要别人了解他。有智慧的人，却努力地了解自己。"世界上最难了解的就是自己，因为不了解自己，就不清楚自己所处的位置，我们一定要能够认清自己。

在古希腊德尔菲的阿波罗神庙上刻着三句话，其中一句就是"认识你自己"，是告诉我们，认识别人比较容易，认识自己就比较困难了。西方哲学家尼采也说过，距离我们最远的人就是我们自己。由此看来，认识自己，了解自己，的确不是那么容易的一件事情。正是由于不容易看清楚自己，所以哲人们才一再告诫我们要努力地了解自己。

有一座古刹，有天新来了一个小和尚，他主动地去见方丈，殷勤诚恳地说："我初来乍到，先干些什么呢？请师父指教。"

方丈微微一笑，对小和尚说："你先熟悉一下寺里的众僧吧。"

第二天，小和尚又来见方丈，殷勤诚恳地说："寺里的众僧我都认识了，下面该干什么？"

方丈又是微微一笑，说："肯定还有遗漏。接着去了解、去认识吧。"

三天过后，小和尚再次来见方丈，满有把握地说："寺里的所有僧侣我都认识了，我想有事做。"

方丈还是微微一笑，因势利导地说："还有一个人你没有认识，而且，这个人对你特别重要。"

小和尚满腹狐疑地走出方丈的禅房，一个人接着一个人地探询着，一间屋接着一间屋地寻找着。

在阳光里，在月光下，他一遍遍地琢磨、一遍遍地寻思着。

不知过了多少天，一头雾水的小和尚在一口水井里忽然看到自己的身影，他豁然顿悟了，赶忙跑去见方丈。

我们常常说，人贵有自知之明，也就是强调一个人要能认清自己，可是要认清自己的什么呢？一个最重要的方面就是要认清自己的能力大小，并以此来为自己确定人生前进的方向。

一个人如果能够知道自己，那是难能可贵的，就可以被称作"明"了。就连老子也说过"知人者智，自知者明"，由此看来，了解别人只是智慧，了解自己才能称为明。我们常常说，要做一个明智的人，看来实在是不容易。如果做不到明智，那么就很容易出现一些问题，或者使得内心失衡。

一个人只有认清自己，才能摆正自己的位置，知道自己在这个社会中扮演的角色，然后安心努力地去工作和生活；否则，他们总是会觉得这个社会有很多对他们、不公平的地方，从而产生各种各样的抱怨。

孔子曾经问子贡："你和颜回哪一个强？"子贡回答说："我怎么敢和颜回相比？他能够以一知十；我听到一件事，只能知道两件事。"子贡的自知是明智，子贡的从容更是胸怀博大。他虽不及颜回闻一知十，却以其独特的人格魅力名传千古。认识自己，摆正自己的心态，更有利于我们在人生道路上前进，成就自己的人生。

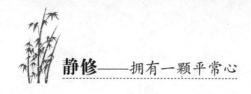

7. 爱是一种承诺，婚姻是一种责任

爱情是一种承诺，在爱情中，双方一旦有了承诺，做不到就是一种无言的伤害；婚姻是一种责任，当两个人步入婚姻殿堂之内，就要承担和履行起家庭的责任和义务，这样才能使婚姻更和谐、稳定。

妻子带着孩子外出旅游去了，留下男人一个人在家中。女人在外，几天来，男人都是一个人喝着啤酒，不停地换着电视频道。这个时候，一个女孩子的电话打过来了，她说，我一个人在家闲着无事，你到家里来坐坐吧！男人吞吞吐吐地说："这……恐怕不行，我正要出去。"其实，这个时候，女孩已经在男人家的楼下了。

女孩是男人的下属，女孩多次对他表示出了好感和喜欢，而男人则都巧妙地拒绝了。男人知道，年轻女孩子的心都是一张空白的纸，他已经成家，没有资格在上面留下任何的墨迹。

女孩已经站在了男人家的门口，手里提了很多东西，还有一瓶红酒。无奈之下，男人就让女孩进了家门。男人说道："今天我下厨吧！"

女孩则说道："不用了，你歇着吧！"于是就在厨房中忙碌起来。男人忙不迭地收拾房子。他偶然看到女孩子忙碌的背影，突然有了一种莫名的感动。就那么一会儿，他立即将这种感觉压在了心底。

男人有些惊慌，他一个人到书房里，开始不停地给熟悉的人打电话，约他们来自己家中吃饭。然而，朋友们却都不在。过了一会儿，女孩已经在喊他了，他到厨房猛地愣了一下，女孩端给他的是一盘热气腾腾的饺子，也是他最爱吃的。平时，他和太太因为都太过忙碌，没有时间去包饺子。

两盘热腾腾的饺子、几碟小菜、一瓶红酒，女孩的脸上挂着柔柔的笑，不觉搅动了他的内心。说不清楚为什么，他就在女孩不注意的时候，关掉了手机，拉上了阳台的窗帘，他只能够听到自己心跳的声音。

一瓶红酒下肚之后，女孩子说自己头晕，就软绵绵地躺在了男人的怀中。男人承认女孩子是美丽的，就紧紧地把她抱在怀中，也就在那一刹那，他才突然觉得女孩的身体是如此的弱小，在他宽阔的臂膀里像个孩子似的睡着，很像他的女儿，他的心猛然地一颤。

女孩安静地在他的床上睡着了，他轻轻地带上了门，走了出去。也就在这个时候，客厅的电话响了，是女人和孩子打过来的。

男人仍然喝着酒，晕晕的，手中不停地换着频道。他分明听到了里屋女孩轻微的心跳和呼吸。然而，他却努力地让自己的心冷静下来。

女孩醒来的时候，已经是第二天的早上。男人坐在客厅的沙发上竟然一夜未眠。男人为女孩准备了早点。在吃饭的时候，女孩问男人说："你不喜欢我吗？"男人说："喜欢啊！"

"你难道不寂寞吗？"女孩接着问道。

"有一点！"男人答道。

"可是……你怕我纠缠你吗？"女孩忍不住又一次发问。

男人认真地说："爱情是一种承诺，婚姻是一种责任，因为有了责任，便不能再对其他人承诺了。就像这碗稀饭和煎蛋，尽管总觉得吃着它没什么味道，但是你每天还不得不做，不得不吃，有时候甚至觉得它难吃，但是如果不吃，心里就会觉得空空荡荡的。"

女孩顿时明白了，沉默了一会儿就离开了。送走了女孩，男人也觉得从未有过的轻松。

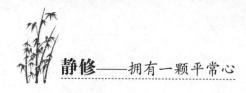
爱是一种承诺，是一种诚信，是需要付出代价的。如果不爱，或者无法承受，那么就别轻易打开爱的心门。诱惑和寂寞，都不是爱的理由。在任何时候，男人要经得起诱惑，女人要耐得住寂寞！

8. 随缘就是尽人事，听天命

"随缘不是得过且过，因循苟且，而是尽人事，听天命。"就是说，随缘并不是一种消极的人生态度和生活状态，而是一种对生活的理智和清醒。它不是让人得过且过，混日子，不努力进取，而是尽人事，听天命。它是一种睿智的生活状态，要知道，生活中的很多事情并非人力就可以办到、就可以改变的。比如你的容貌，比如机遇，比如感情，等等。既然不能改变，那就学着接受它，不去刻意地强求，这样才能够保持内心的平静，才能在沉稳之中看到希望的曙光！

有一天，海燕乘一辆出租车到车站，她因为星期天还被上司派到外地出差而满脸的不高兴。她一坐进车中，就听到司机在得意扬扬地吹口哨。海燕见司机如此快乐，如此乐观，就羡慕地说："你今天心情不错嘛！"

司机微笑着说道："当然是的。我每天都是如此，没有什么事情能让我心情低落啊！"

海燕脸上露出了浅浅的笑，问道："难道生活中你就没遇到困难或者令你烦心的事情吗？"

司机接着说："不幸的事情和困难经常会有的，但是我悟出了一个道理：凡事只要尽力而为，对于人力所不能左右的事情，你即便再急躁或情绪再低落，也无济于事！暴躁或者低落的情绪对自己一点

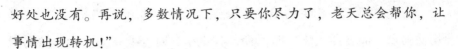

好处也没有。再说，多数情况下，只要你尽力了，老天总会帮你，让事情出现转机！"

听司机如此一说，她便好奇地问道："你怎么会有这种看法呢？"

司机缓缓地回答说："有一天清晨，我照常开车出门，想趁着上班高峰期多拉几个人，多赚点钱，但是情况却未如预期的顺利，因为车子没开出多久就爆胎了。当时天气极为寒冷，车子停在路边，我的心情也极为低落。接着，我无奈之下想换轮胎，发现没带工具，而且看到外面刮着大风，购买工具必须得跑很远的路程！"

司机故意停顿了一下，便接着说："就在这个时候，有个路过的司机一问我的情况，便马上从车上跳下来，一言不发地拿着工具上前来帮助我。这位陌生的卡车司机很熟练地就把轮胎换好了。当我向对方表示感谢，想给他一些酬谢时，却见他轻轻地挥了挥手，立即跳上了车就离开了！"

司机笑着说："因为那个陌生人的帮忙，让我一整天的心情都大好，也让我相信，人不会永远都倒霉的。在轮胎问题解决后，我的心胸也顿时打开了，而好运似乎就跟着进了门，那天早上乘客便一个接着一个，生意也比其他人要多出一倍呢！所以，每当遇到麻烦，我总是对自己说：不必再心烦了，凡事只要尽力，上天就可能会让一切不幸出现转机的。只要你用心做一件事情，生活就不会永远地停留在不如意之中。"

听了司机的话，海燕的一切烦恼马上被抛到九霄云外去了！

随缘是一种努力和坚持，但是又丝毫没有患得患失的不安。事成了，会淡然地欣慰；事不成，也只是坦然地接受，没有任何的懊恼和追悔。随缘是一种智慧和解脱的表现，是人生拼搏的另一种境界。它不是消极地承受，更不是放弃人生应有的追求；它是无为而有为，是成功者的另一种素养。

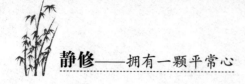

　　为此，在工作和生活中，我们要"随缘"而不是"攀缘"，凡事切勿强求，而要尽人事，听天命。在谋事之时，要尽力而为，做到问心无愧。在事情过后，我们一定要检讨所失，但也不必为事情的成败或喜或忧。只有做到这些，才是真正的"随缘"！

第3章 净心之道：
远离贪念即是净土

"感谢上天我所拥有的，感谢上天我所没有的。"上天其实给我们很多有用的东西，只是我们自己不知道如何使用，或者根本就没有发现它们的用处，结果有的人反而怨恨上天没有给他们更多的东西。其实我们应该时刻怀着一颗感恩的心，感谢上天给了我们那么多的东西，让我们利用自己已有的东西来追求自己的幸福。同时对于我们所没有的，我们也应该感谢上天，因为只有这样才能让我们感到自我努力的可贵，以及幸福得来的甜蜜。

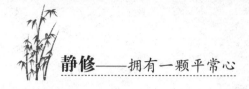

1. 祸莫大于不知足

"活着一天，就是有福气，就该珍惜。"生活中，当我哭泣我没有鞋子穿的时候，我却发现有人没有脚。每个人都要拥有一颗平常之心，要懂得知足。如果一个人总是不知足，那么灾难迟早会降临到他的身上。

人活着自然就会有各种各样的欲望，当然，很多欲望是合理的，比如吃饭睡觉、娶妻生子等。但是如果一个人的欲望超越了"度"，那么必会生出许多烦恼来，甚至还会给你带来意想不到的祸患。

老子在《道德经》中说："天下有道，却走马以粪。天下无道，戎马生于郊。祸莫大于不知足；咎莫大于欲得。"其实就是在告诫我们，要防止贪心不足和难填的欲壑。

一个渴望拥有很多财富的人，听到沙漠中有金子，于是，就带着食物与水到沙漠中去找寻。

忍受了几天炎热的煎熬后，他没有发现宝藏，但是身上的食物和水却已经没了。两天了，他没有喝过一口水、吃过一口面包。他已经没有力气向前行走了，于是就静静地躺在那里等候死亡的降临。

也就是在即将死亡的那一刻，他向神做了最后的祈祷："神啊，请帮帮我这个可怜的人吧！如果我能够获得一点点的食物或者水的话，我宁肯放弃寻金计划。"

刚说完，神就显灵了，赐给了他一些水和食物。等他快速地吃饱喝足以后，他就想着自己已经忍受了如此多的痛苦和磨难，怎么能够舍弃寻宝的计划呢？说不定宝藏就在不远处呢！于是，他就继续向前方寻找。

幸运的是，在前方不远处，他果然找到了很多金光灿灿的金子。于是那个人就兴奋十足，贪婪地将金子装满了自己身上所有的口袋。

当他带着沉重的金子向前走时，他才发现自己的体力已经承载不了如此重的金子了，而且，他已经没有足够的食物与水再向前赶路了。但是，他还是仍旧背负着重重的宝藏往前走。随着体力的不断下降，他开始扔掉一些金子，边走边扔，以至将身上的所有金子全部扔光，也还没有能够走出沙漠。到最终，他又静静地躺在地上，在临死之前，他又开始向神祈求道："请赐予我更多的水和食物吧！"

而神则回复他了一句话："我再赐予你更多的水和食物，你还要返回去捡回你扔的金子吗？"

那个人顿时哑口无言……

死到临头，还没能够摆脱内心的贪婪与俗望，最终不仅没得到金子，连性命也丢了，实在可悲。如果他能够勇于舍弃心中的物欲，可能就顺利地走出沙漠了。

著名画家谢坤山曾说过一句话："不要想你失去了什么，要看你自己拥有什么。"我们不能总是期望得到自己没有的东西，不能因为没有别人所拥有的东西而感到不满意。实际上我们自己就有很多东西，而我们自己拥有的别人往往就没有。

有个年轻人常为自己的贫穷而牢骚满腹。

有一天，他遇到了一位和尚，向和尚倾诉自己的烦恼。

和尚问他说："你具有如此丰富的财富，为什么还发牢骚？"

青年人听了非常高兴，于是急切地问："它到底在哪里？"

和尚回答道："你有一双眼睛，只要你能把你的一双眼睛给我，

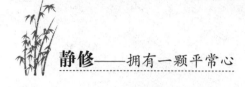

我就可以把你想得到的东西都给你"

青年人失望地道："不，我不能失去眼睛！"

和尚接着道："那么就把你的一双手给我，我送你一袋黄金。"

青年人又失望地道："我不能失去自己的双手。"

这时和尚面带微笑地开示道："既然你有一双眼睛，你就可以靠它来学习；既然你有一双手，你就可以靠它来劳动。现在你自己有没有看到，你有多么丰富的财富？"

很多人就是这样，他们本来就已经非常富有，但是他们总是觉得自己缺少的太多。他们的眼睛总是往外看，而不往自己身上看。其实，当你把眼睛收回来的时候，你会忽然发现自己已经得到很多，应该感到满足了。只要能够懂得这个道理，那么你已经又收获了一大笔财富了。

张果老成仙之后，每日在民间寻访度化。

有一天，他来到一个村口，看见一对年老的夫妇，在那里摆摊卖水。于是他就走上前去，借买水的时候跟老夫妻搭话。

他问他们日子过得怎么样，老夫妻都说非常贫困。

张果老又问他们有什么愿望，老夫妻回答说："要是能开个酒店，卖酒过日子就好过了。"

于是张果老就告诉他们说："在你们村旁的山顶上，有一块形状非常像猴儿的石头。石头旁边有三个泉眼。现在三个泉眼都被灰尘堵上了。你们明天去山上把灰尘都清理出来，泉眼就会自动流出有酒味的水来。"

说完就送给他们一个葫芦，说把这个葫芦装满就可以了。

第二天天还没亮，老夫妻两个就爬上山去。果然找到了张果老说的那块石头，打扫干净泉眼之后，果然有水流出来。舀一点尝尝果然是酒味。老夫妻两个大喜，装了一葫芦就回去卖了，恰好卖了一天，全部卖完了。

从此以后，他们夫妻两个就这样天天上山装酒回去卖，时间一天天地过去，他们的日子也一天天地好了起来。

不知不觉一年过去了。张果老又来到这个地方。他又问老夫妻现在日子过得怎么样。

这对老夫妻说："自从听了你的话找到酒后，日子还颇过得去。就是没有酒糟，不能喂猪，不然就更好了。"

张果老听后就摇头叹息道："天高不算高，人心比天高。清水当酒卖，还嫌没有糟。"说完就飘然而去了，再也没有出现过。从此以后，山上的泉眼就枯涸了，再也没有水酒涌出来了。

"天高不算高，人心比天高。清水当酒卖，还嫌没有糟"，说明了人的贪欲之心是无止境的，无止境的贪欲只会害了自己。祸莫大于不知足，过大的贪欲只会置自己于困境之中。所以，在生活中，如果我们时常能够摒弃一切贪杂，以一颗平静之心去看待周围的事物，就能够使自己的心灵达到完美、清净的境界。

2. 百年以后，哪一样是你的

现代社会，我们太容易被内心的欲望牵着鼻子走，得到了一些，还想得到更多，任欲望在内心肆无忌惮地疯长，这让我们心灵负载了太多的负担，好像永远没有停下来的时候。"累！累！累！"成了我们呼之欲出的口头语。我们在欲望中痛苦地挣扎，不知如何解脱。

有一位有名的作家，每天都觉得自己活得很累，总静不下心来去进行创作。于是，他就向一位智者求教。

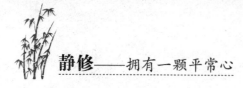

作家问道："我不明白，为什么在成功后觉得自己越来忙碌、越来越觉得心累呢？"

智者问道："你每天都在忙些什么呢？"

作家回答："我一天到晚都在忙着应酬，到处做演讲，接受各种媒体的采访……这些事情使我心情烦躁，写作已经成为我的一种负担。我觉得自己太辛苦了，心也很累。"

智者转身打开身后的衣柜，对作家说："在这一生中，我收藏了许多漂亮的衣物，你试着将它们穿上，就能知道自己为什么会感到心累了。"

作家疑惑地说："我身上穿有衣服，你的这些衣服未必适合我呀！如果我将这些衣物都穿在身上，一定会沉重、会难受的。"

智者回答："你也明白其中的道理，又为何要来问我呢？"

作家感到莫名其妙，就又随口问道："您所说的话，我有点不太明白，您能说得更明确一点吗？"

智者答道："你身上的衣服已经足够，倘若让你穿上更多漂亮的衣服，你会觉得沉重无比。你只是一个作家，为何要去做一些交际家、演讲家要做的事情呢？这不是自讨苦吃吗？"

作家顿悟道：每个人都能追求只属于自己的东西，做一些自己应该做的事情，这样才能得到轻松和快乐啊！

从此以后，作家就辞去了不必要的职务，推却了不必要的应酬，潜心写作，最终达到了人生创作的高峰，并且再也没有感到过疲惫和烦躁，生活变得轻松和快乐了许多。

由此可见，心多贪念，必会生出诸多的烦恼。你生活中的一切烦恼和痛苦，都是人的贪欲之心造成的。为此，在生活中，我们一定要及时摒弃一切贪欲，以一颗平静之心去看待周围的事物，就能够使自己的心灵达到完美、清净的境界。

现代社会，很多人都在追求外在的"物欲"，女士要穿名牌服装；男士要穿鳄鱼皮鞋，要开奔驰宝马，要戴劳力士的手表；孩子要上贵族学校，要用最新款的手机……然而，正是这些具有"品位"的东西，将人们从幸福和快乐的生活中剥离出来，将自己变成一个超豪华的奴隶。每天都过这样的生活，哪有什么幸福和快乐可言？当人们开始沉溺于这种物质生活的品质的时候，忽略了内心的感受的时候，就真正与幸福分道扬镳了。

一位哲学老师给学生们上了难忘的一课。在课堂上，老师拿起一杯水，问学生："这杯水有多重呢？"多数学生回答不过有100克左右而已。

"当然，它仅仅只有100克。那么，如果让你们端起这杯水，能端多久呢？"听到老师这么问，学生们都笑了，说："仅仅100克水而已，能端着它坚持很长时间没问题！"

老师接着说："端着它坚持半个小时，我想大家肯定没有什么问题；如果拿一个小时，大家可能都会觉得手酸；如果让你坚持一天，甚至坚持一个星期呢？那可能得叫救护车了。"大家都笑了，但是，是赞许的笑。

老师又讲道："其实这杯水的重量是很轻的，但是当你拿得过久了，就会觉得沉重无比。这就如我们内心不断积累的一个个小小的欲望一样，无论它有多小，只要时间一久，终将成为心灵的沉重负担。"

如果我们能够及时地放下这杯水，休息一会儿之后再拿起来，那么，你一定能够持续得更久一些。为此，生活中，我们一定要学会适时地放下心中的欲望，让自己的心灵有一个好好休息的时间，这样才能让生命持续得更长久一些。

心灵的负累都是由一个个小小的欲望积累而成的，我们要让心灵获得轻松和快乐，就要学会适当地放弃，适当地放下心中负载的欲望包袱，轻装上阵，这样才能让自己走得更远。如一张拉开弦的

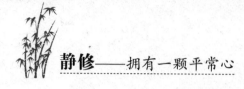

弓，如果绷得太紧的话，很容易断。只有恰到好处，你的利箭才能够飞得更远，最终射到自己的目标。

心中多一份欲望，生命就会多一份痛苦；心中多一份舍弃，生命就会多一些快乐。当你感到心累或者痛苦的时候，要问一下自己：百年以后，哪一样是自己的？这样就会让自己放慢追求的脚步，丢弃一些欲望，让自己获得恒久的快乐。

3. 财富犹如草上霜，做个淡泊的人

"自以为拥有财富的人，其实是被财富所拥有。"自以为拥有财富的人则只会把金钱看成为自己所依靠的东西，到头来只能"肉食者鄙，未能远谋"，白白牺牲了人生的目标，而人为地被金钱所驱使。其实，这里是告诉我们要做一个淡泊的人，看淡名利，这样才能让自己活得更为轻松和惬意。

弘一大师在早年曾经写下这样的诗句："人生犹似西山日，富贵终如草上霜。"就是说，人生就好比西山的落日般短暂，再怎么美好也终有结束的那一天；家财万贯，也终抵不过秋草上的霜。日出即消，风吹即落，终是不能够长久的。这其实是告诉我们，生命短暂，富贵皆枉然，我们不要把有限的生命枉费在去追求荣华富贵上，这样只会让自己失去快乐和幸福，无法体味到生命的真滋味。

陶渊明是个淡泊名利的人，在他生活的时代，朝代更迭，社会动荡，人们生活极为困苦。那一年，陶渊明为了养家糊口，来到离家乡不远的彭泽当县令。这年冬天，他的上司派来一名官员来视察，这位官员是一个粗俗而又傲慢的人，他一到彭泽县的地界，就派人叫县令来拜见他。

陶渊明得到消息，虽然心里对这种假借上司名义发号施令的人很瞧不起，但也只得马上动身。不料他的秘书拦住陶渊明说："参见这位官员要十分注意小节，衣服要穿得整齐，态度要谦恭，不然的话，他会在上司面前说你的坏话。"

一向正直清高的陶渊明再也忍不住了，他长叹一声说："我宁肯饿死，也不能为了五斗米的官饷向这样的人折腰。"于是，他马上就辞去了官职，从此回归田园。在田园中，他写下了许多优美的田园诗，其中有一首则是为大家所耳熟能详，那就是他的《饮酒》："结庐在人境，而无车马喧。问君何能尔，心远地自偏。采菊东篱下，悠然见南山。山气日夕佳，飞鸟相与还。此中有真意，欲辨已忘言。"

陶渊明淡泊名利的人生态度，让后来无数的人敬仰无比。他不为世俗所羁绊，注重内心，按照内心的意愿去活，实在是洒脱无比。《红楼梦》中写道："世人都晓神仙好，惟有功名忘不了！古今将相在何方，荒冢一堆草没了。"是说，世上的名利都是过眼云烟，无须将生命浪费在这些虚无的事情上面。

实际上，要想让人做到淡泊名利，不汲汲于富贵，不戚戚于贫贱，那是非常难的。只有那些具有伟大人格的人、具有崇高境界的人、具有深远眼光的人，才能做到。

有一次，庄子在濮水边钓鱼，楚威王派两位大夫前去请他做官。

他们对庄子说："大王希望请您去楚国从政，帮助管理国家！"

庄子依旧提着鱼竿，连头都没有回，说："我听说楚国有一只神龟，死的时候已经三千岁了，大王用锦缎将它包好放在竹匣中珍藏在宗庙的殿堂上祭奠着。如果你们是这只神龟，是宁愿死去为了留下骨骸而显示尊贵呢，还是宁愿活着拖着尾巴在泥土中爬行呢？"

两位大夫说："宁愿活着拖着尾巴在泥土中爬行。"

庄子说："离开吧！我宁愿像乌龟活着拖着尾巴在泥土中爬行。"

庄子追求内心的自由、淡泊名利的人生态度，让后来无数的文人墨客为之赞叹。

诸葛亮在《戒子书》中说："非淡泊无以明志，非宁静无以致远。"这句话道出了人生的许多真谛。追逐名利，是误入歧途。淡泊名利，可能平凡，但是还不至于会平庸。追名逐利，可能会风光一时，但心灵不会自由，也活不出真正的精彩来。其实，名利是身外之物，面对名利，我们要做到处之泰然，不惊不喜；失之淡然，不悲不怒。为了名利而累心累身，确实是本末倒置的傻事。

 4. 烦恼由心造，心净一切皆净

我们内心的快乐、烦恼、悲伤、痛苦、忧虑，等等，皆由心造，外界世界再纷乱，也无法左右我们的内心！只要你内心是快乐的，任何事物都将会是快乐和幸福的。只要你内心是清净的，一切的烦恼和痛苦都将不会存在。

在深山中有一户穷苦人家，家中有父母和一个14岁的儿子。

这一天，母亲递给儿子一个大碗，让他到山下去打些油回来，并不停地叮嘱他："你一定要小心，我们最近经济太紧张了，不能把油给洒出来，否则，我们的生计就是一个大问题。"

儿子小心地应和着，很长时间才下山来到母亲指定的店中买油。儿子心想：下山一次太不容易了，不如多打一些回去，只要自己走路够小心，一定会安然地将油端回家的。于是，他就让店伙计把碗中装满了油。

儿子小心翼翼地端着装满油的大碗，一步步地行走在路上，丝毫不敢左顾右盼，内心很是紧张。然而，不幸的是，在他快到家的时候，因为内心太过紧张，手中的碗不停地抖，脚一下子踩进了一个小坑之中。虽然没有摔倒，但是碗中的油却洒掉了三分之一。儿子极为懊恼，但丝毫无法挽回什么！回到家中之后，看到洒了近一半的油，母亲感到很是生气，毫不客气地对儿子说道："不是说好让你小心点儿吗？怎么还洒了这么多的油，浪费了这么多钱！"儿子心中越发地难过了。

这个时候，爸爸听到了，闻声过来了解情况，随后，他就不停地安慰儿子，并私下里对儿子说道："我再让你去买一次油，这次只装一半就可以了，并且我要你在回来的途中，不要紧张，多欣赏周围的风景，保持心情愉快就好了。"

儿子又一次下山了，这次心中不再有任何的忧虑，因为他想手中端着半碗油，无论如何也洒不掉的，于是心情很是轻松。就在回家的途中，他才发现路上的风景真的很美。远方翠绿的山峰，又有农夫在田中唱歌。一会儿，又看到一群小孩子在路边玩得十分开心，还有一群小狗卧在那儿晒太阳。儿子就这样一边走一边看风景，不知不觉地就回到了家中。当儿子把油交给父亲时，才发现碗里的油装得好好的，一滴都没有损失掉。

一切烦恼皆由心生，就像这位打油的儿子一样，第一次因为碗中的油装得太多，心中充满了顾虑和忧虑，所以，做事缩手缩脚，放不开，最终把油弄洒了。到最后，因为心中放下了顾虑，才轻松完成了任务。

生活中，我们要保持内心的清净，一定要放平心态，学会放下，及时除去内心的尘埃，那么，你就可以完全解脱了。

新到寺院的小和尚对一切都充满了好奇，在秋天的时候，禅院中红叶飞舞，小和尚就跑去问师父："红叶这么美，为什么会掉呢？"

师父笑了笑说："由于冬天渐渐地来了，树撑不住那么多叶子，只好舍去。这不是放弃，是放下！"

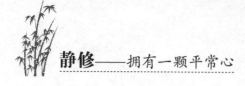

冬天真的来了，小和尚看见师兄们把院子里水缸里的水倒干净了，又跑去问师父："好好的水，为什么要倒掉呢?"

师父笑了笑却说："由于冬天很冷，水结冻膨胀，会把缸撑破，所以要把水倒干净。这不是真空，是放空!"

大雪漫天飞，厚厚的积雪，一层又一层，积在几棵盆栽的龙柏上。师父吩咐徒弟合力把盆搬倒，让树躺下来。小和尚又不解了，便问道："龙柏好好的，为什么弄倒?"

师父的脸此时一怔："谁说好好的? 你没见雪把柏叶都压塌了吗? 再压就断了。那不是放倒，是放平，为了保护它，把它躺平休息休息，等雪化完之后再扶起来。"

天气寒冷，寺院中的收入少多了，连吃饭都成问题了，小和尚很是紧张，跑去问师父怎么办。

师父说道："数数! 柜里还挂了多少衣服? 柴房里还堆了多少柴? 仓房里还积了多少土豆? 不要想没有的，要想现在有的; 苦日子总会过去的，因为春天总会来临。你是放心，不是不用心，要把心安顿好。"

春天果然来到了，可能是因为冬天的雪水特别多，春花漫烂，更胜往年，前殿的香火也渐渐恢复往日的盛况。师父要到外面去了，小和尚追到山门外说道："师父您要是走了，那我们怎么办?"

师父笑着向他挥挥手："你们能放下、放空、放平、放心，我还有何不能放手的呢?"

一个人只要能做到放下、放空、放平与放心，那么你的人生也就彻底解脱了。

世界充满了无奈、物欲和诱惑，只要我们内心能够时刻保持清净，那么，一切的烦恼、痛苦和忧虑便不会再来打扰我们。要知道，生活有其原本的面貌，面对一切世事，只要以一颗平常心去面对，时刻擦亮内心的窗户，那么，你看到的一切都是清净的，你的内心自然也能够获得无比的安宁，烦恼便也不会存在了。

 5. 切莫被"名"缰"利"锁所捆绑

乾隆皇帝到江南巡游时，曾经到过一座古寺，他和这寺院里的一位很有名的老和尚谈论禅机。这时乾隆皇帝看到江面上有很多船，来来往往，络绎不绝，问老和尚江面上的船到底有几艘。老和尚说江面的船实际上只有两艘。乾隆一听觉得非常奇怪，就问为什么。老和尚解释说，这些船来来往往，熙熙攘攘，无非是为名而来，或是为利而往，总之是逃不过"名利"二字，因此这江面只有两艘船，一艘为"名"，另一艘为"利"。

的确，这个世界上的人，总是为"名"缰"利"锁紧紧地捆绑，在追名逐利的过程中使身心疲惫，最终给自己带来无尽的烦恼。就像《名利场》中的女主人公丽蓓卡·夏普一样，其一生都是在不断追求中度过的，但是到最终，她的一切心机全部白费了。作者最终在书中以这样的伤感而又无奈的语气说道："唉，浮名虚利，一切虚空，我们这些人谁又是真正快活地活着的？谁又是称心如意地活着的？就算当时遂了自己的心愿，以后还不是照样不知足？"

其实，这个世界上，我们都是来去匆匆的过客而已，所有的名与利只是过眼云烟，生不带来，死不带去，我们一生为它所累，被它牵着鼻子走，与其这样不如及早放下，让自己得到解脱。

名利对淡泊说："我每天都苦苦挣扎，从第一天踏入名利场就从未轻松过，整个人就像上了轨道的车轮一样，怎么也刹不住；有时

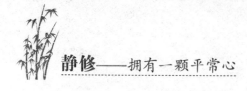
候，我也想要淡泊一点，可现实却不允许自己停止转动，只能这样永无止境地疯狂前行。"

淡泊说："若干年前，我同样也和你有一样的感受与经历。然而有一次，大病初愈的我才突然发现健康的珍贵与生命的意义，这是任何名利都换不来的。还有一次，当我手中拿一枝玫瑰的时候，女友却一脸不悦地说别人送一束我却送一枝。这时候，我才明白：要是送一束，她会要九百九十九朵；要是送九百九十九朵，她会要昂贵的金银首饰。我要送金银首饰，而她则会要名车洋房……总之，永无满足的时候。于是，我最终还是选择了送一枝玫瑰就让她开心一笑的妻子；于是我最终明白了这样一个道理，淡泊的生活才是最为真实的。如果你聪明，你可以像我一样轻松，问题是，在你的眼中已经容不下像我这样渺小无能的人。"

其实，人在这个世界上，都是一个个来去匆匆的过客而已。所有的名与利，都是过眼云烟，生不带来，死又不能带去，与其一生为它所累，还不如珍惜当下的生活，活得实实在在、快快乐乐，用一颗平常心来看待它，将一切看得淡一点，再淡一点。如此，才能够听从内心的声音，才能活出真正的精彩来。

要知道，古往今来，那些做出大成就的，都是淡泊名利的人，看淡名利，才能静下心来将自己全部的心血和才华都投入到自己所喜爱的事业中去。这样，他们一方面可以享受到心如止水的快乐，同时也能得到水到渠成的惊人成就。

居里夫人就是一个淡泊名利的人，她一生共获得 10 次各种各样的奖金，各种奖章以及各种名誉和头衔共 117 个。但是，在这至高的荣誉面前，她始终都能够保持一颗淡泊的心。

有一次，一位朋友到她家中做客，看到居里夫人的小女儿正在玩英国皇家学会刚刚颁发给她的一枚金质奖章。朋友大惊道："英国皇家学会的奖章怎么能给孩子玩呢？这可是至高的荣誉啊！"居里夫人看过之后，笑了笑说道："我只是想让孩子从小就知道，荣誉就如玩具一样，只能玩玩而已，绝不能永远守着它去生活，否则一辈子可能终将会一事无成。"不仅如此，居里夫人还毅然辞掉了 100 多个荣誉称号。正是她始终能在荣誉面前保持一种淡然的心态，才使她能够两次获得诺贝尔奖。

淡泊是一个人的修养，是一个人精神的至高境界，是一种灵魂的典雅。真正淡泊之人心态平和，视名利如粪土，能够堂堂正正做人，踏踏实实做事，最终获得精神上的享受。

6. 欲望是痛苦和烦恼的根源

欲望是人内心不清净的根源，一个人的欲望越多，贪心越重，渴望越多，内心必然会生出诸多的矛盾和痛苦来。

有一位老妇人，每天都唉声叹气的，感到烦恼十足。一位老头儿就问她："为何每天都看上去不高兴呢？"而她却说道："我有两个女儿，大女儿嫁给了一个开洗衣作坊的人，二女儿嫁给了卖雨伞的。每当天下雨的时候，我就会为我开洗衣店的女儿担心，担心她的衣服晾不干；而到晴天的时候，我会担心我那个卖雨伞的女儿，怕她的雨伞卖不出去。"

老头儿说道："您这不是在自寻烦恼吗？其实，你的福气真的很好！下雨天，二女儿家会顾客盈门；而天晴之时，大女儿家生意兴隆。对于您来说，哪一天都有好消息啊，您根本没必要天天自寻烦恼。"

听了这样的话，老妇人心里便轻松了很多。

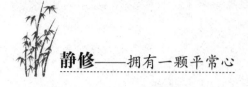

人生本来是没有烦恼的，所有的烦恼都是内心的欲望所产生的。老妇人因为贪心太重，想在下雨天让大女儿的生意好起来，同时又想在天晴时让二女儿的生意也好起来，所以，才会烦恼不断。最终，她在智者的开导之下，及时放下了心中的贪欲。那一刻她的烦恼减少了很多，心里也感到轻松了许多。

现实生活中，很多人都有这样的体验：我们童年的时候，因为内心无所欲求，一颗糖果足使我们兴奋十足。当我们长大以后，心中的欲念越来越多，拥有更多的钱财、美色、美食、名利、权力等，凡是触及我们生活的东西，我们都想拥有。然而，当这一切得不到满足的时候，我们又会烦恼不止。所以，欲望是一切烦恼的根源，只要内心杜绝了欲望，一切烦恼就自然会消失。

我国著名的文学家柳宗元在《柳河东集》中写过一则寓言《蝜蝂传》，向我们揭示了欲望过多，必生烦恼的道理。

蝜蝂是一种形体比蜗牛小，且又没有壳，但又天生喜爱背东西的小黑虫子。它在爬行的过程中，无论遇到什么东西，比如吃剩下的食物或者沙粒、草叶等杂物，总是会迫不及待地放在背上面，继续向前。于是，背上的东西越来越多，它就会感到疲惫不堪。它的背是极为粗糙的，所以背上的东西也不容易滑落。有的时候，它背上的东西太过沉重，越积越重，就算它疲劳到了极点，也不肯主动放下，两只角就搂着背上的东西，走路的时候一摇一晃的，把自己累得半死。

这一天，蝜蝂在爬行的过程中，发现了蜗牛的壳，觉得可以用它来盖房子，这样就可以避免以后风吹日晒了，于是就背在了背上面。

爬了没多远，它又发现一个更大更漂亮的蜗牛壳，但是又舍不得丢下原来的，怎么办呢？在无奈之下它就将两个一起背着。但两个又不好背，于是它就用了很多唾液、鼻涕、眼泪把两壳黏合在了一起，继续向前走路。没走出多远，它就又看到一个更好的，但是，又不舍得丢弃前两个，于是就又用眼泪、唾液将它与前两个壳黏合在一起，继续前进。如此一来，它就累得气喘吁吁。

后来，又有人看到它很是辛苦的样子，顿时心生怜悯，就帮它去掉背上的东西。然而，这种小虫子又喜欢往高处爬，于是就用尽了全身的力气也不肯停下来。最终跌倒，摔死在地上。

无独有偶，在泰国有"压死大象的最后一根稻草"的故事。身大力大的大象过去是泰国最主要的运输工具，它力大无穷，背负千斤重的东西也会轻松自如，给它驮物的时候，经常一开始就能背成千上百斤，但是，到它生理极限的时候，一旦它不堪重负，所驮之物超过了它所承受的压力极限的临界点时，在它身上仅放一根稻草都有可能使这个庞然大物轰然倒下而死亡。我们人类也在扮演如蜗蝌和大象的悲剧角色，不断为自己的人生做加法。每个人从出生起，从赤身裸体，从一无所有，开始不断地为自己的人生做加法，用各种各样的"饰品"来装饰我们的生命，似乎身上拥有的东西越多，就越富有、越幸福、越快乐，到最终，却将自己压得不堪重负，身心俱疲。

俗话说"贪心不足蛇吞象"，比喻人心永远得不到满足，贪心太重的话，就会像蛇一样，把一头大象吞掉。可以想象，蛇吞象会是一种什么感觉，咽不进，吐不出，要多别扭有多别扭。生活中，如果我们都想得到，都想拥有，反而有可能什么也得不到，一辈子只可能会在忙忙碌碌、患得患失中度过了，永远也得不到快乐和幸福。

7. "舍"可治"贪"之大病

人生本来就是痛苦的，痛苦的根源在于内心的各种欲望。很多时候，欲望过多、过强就成了一种贪病。财富多了还想再多，官做大了还想再大，房子宽了还想更宽，出了名了还想更出名……人的贪欲之心犹如喝盐水般，越喝越咸，越咸又越想喝。而当人的贪欲之心超越一个合理的"度"的时候，那就会阻断所有的快乐和幸福了。

贪欲拥有猛虎般的野蛮和暴力，人一旦被贪欲所占据，那么，对于权欲、钱欲、财欲和物欲，甚至色欲，就会像猛虎一张牙舞爪般跃跃欲试，什么义理人情、道德公德、父子情深，一概都可不顾及，这种贪欲也就是人生的大病。

有一对兄弟，自幼失去了父母，从小就过着以打渔为生的艰苦生活。生活虽贫穷，但兄弟俩从来没有抱怨过什么，日子过得简单而舒心。

菩萨看到了二人的情况，很是同情，就决心帮助他们。菩萨来到兄弟俩人的梦中，对他们说："你们村头的河流正中央埋藏着宝藏，现在河水很浅，你们可以前去打捞宝藏，等到五更天河水上涨的时候务必离开，否则，就可能会丧命。"

兄弟二人从睡梦中醒来，十分兴奋，赶忙起身各自乘着渔船前去打捞。到了河水中央，哥哥打捞了一块宝石，装在口袋里，看到天不早了就赶快离开了。而弟弟则对哥哥说："你先走，我一会儿就离开。"随后，他就不停地在那里打捞，将宝藏装了满满一船。眼看就到五更了，弟弟还是不肯罢手。一会儿，河水慢慢地涨起来了。随后，狂风大浪向小船扑来。弟弟拼命地划船，但是由于宝藏太重，根本划不快。最终，弟弟与宝藏都被卷入大风浪中。

而哥哥回家后，用捡到的那块宝石为本钱，做起了生意。后来他就成了远近闻名的大富翁，而弟弟却再也没有回来。

泰戈尔说："鸟儿的翅膀一旦系上黄金，它就无法飞翔了。"欲望和贪念是羁绊心灵的枷锁，我们要想获得自由和快乐，就要勇于舍弃。弟弟因为贪婪不愿意舍弃，最终却丧失了自己的性命。而哥哥却因为懂得舍弃，最终成了富翁。

"贪多业亦多，取少业亦少，万般苦恼事，除贪一时了。"要想祛除内心的痛苦和烦恼，就必须戒贪。但要祛除贪病，并非轻而易举可以做到的。俗话说"心病还须心药医"，期求解脱之道的人，必须远离欲望之火，多用"舍"字。

星云大师告诉我们："假若懂得了舍，见到别人精神或物质上有苦难，总很欢喜地把自己的幸福、安乐、利益施舍给人，这样，贪的大病当然就不会生起了。"比如，生活中，你可以把谋生得来的钱财施舍给那些贫病孤苦者，或者捐助社会福利事业，即是慈心施舍。舍的多了，欲望就会少了，无论你身处何地，你的灵魂都会栖息在一个自由和谐的精神家园中。

无论大小、多少，哪怕施舍一文钱也好，施舍亿万财富也好，我们都要像燃烧的蜡烛一样，其主要的目的在于利益众生，不奢求他人的回报，只要他人能够获得光明就好了。只有这样，才能真正地把贪嗔痴、是非人我、自私狭隘、权力欲望等一切嗜好都戒除掉，从而让自己拥有一份明朗的心境、坦荡的胸怀、惬意的生活和宁静的幸福。

8. 懂得知足，才能快乐

广厦千万间，夜眠不过七尺；珍馐百种味，日食只需三餐。知足常乐虽然是佛教遵循的境界，但这并不是说我们应该没有欲望，我们可以放弃不该有的欲望，让生命得到轻松，让前行的步子不再沉重。

一个人若是感觉不到快乐，那么他将觉得生活非常无趣。其实，快乐就在我们的身边，懂得知足，才会感觉到快乐！

有一天，佛遇到了一个王子。

王子看上去年轻、英俊并且富有，他身边的妻子温柔美丽，但王子依然一脸沮丧。

佛问他："你不快乐吗？我能帮上什么忙？"

王子说："我什么也不缺，但只缺一样东西，你能帮我找到吗？"

佛说："当然可以，你说什么东西吧。"

王子说："我要的是快乐。"

这下子佛犯难了，佛想了想，便说："我知道了。"然后佛把王子所拥有的东西都拿走了。王子于是成了一个一无所有的人。

过了一段时间，佛又来到王子的身边，看到王子很狼狈。于是佛又将王子原有的东西还给他，之后便离开了。

又过了一段时间，佛再来看王子，这次王子快乐地生活着。

知足是人生最大的快乐，不知足的人永远体会不到快乐的滋味，更不会知道什么是幸福，也就无从体会到幸福。不知知足，快乐难至。人生苦短，为什么还要心情烦乱呢？人生不过百年，很多都是过眼云烟。让我们敞开心菲面对芸芸众生、青山绿水吧。

"宠辱不惊，闲看庭前花开花落；去留无意，漫随天外云卷云舒。"不管道路如何，我们都要快乐地走下去；不管遭遇什么，我们都要以平和的心态去面对。平静地面对世界的一切，少一些无奈，多一份从容。

对他人多一点宽容，多一点容忍，多一点理解，多一点体贴，这样自己也会少一些忧愁，少一些抑郁，少一些不快，少一些计较。

从前有一个人，以砍柴为生，辛苦劳作，生活穷困。他经常到佛前烧高香，祈求大运降临，脱出苦海。

真是佛祖慈悲，一天他在山坳里竟然挖出了一个一百多斤的金罗汉！

转眼间，他荣华富贵加身，又是买房又是置地。亲朋好友一时竟多出好几倍，大家都向他祝贺，目光里满是羡慕。

他只高兴了一阵，继而犯起愁来，食不知味，睡不安稳。

"偌大的家产，就是贼偷，也一时不能偷光啊！你愁什么呀！"他老婆劝了几次没效果，不由得高声埋怨。

"妇道人家哪里知道，怕人偷只是原因之一！"那山民叹了口气，继续说道，"十八罗汉我只挖到一个，其他十七个不知在什么地方。要是那十七个罗汉一齐归我所有，那我就满足了。"

原来这才是他犯愁的最大原因啊！

"心有妄求，永无宁日，人不能救，天不能救。"一个人没有一颗知足之心，拥有再多的财富也不会觉得多，怎么能获得安乐呢？

正如我国台湾地区的漫画家蔡志忠所说："如果拿橘子来比喻人生，一种橘子大而酸，一种橘子小而甜。一些人拿到大的就会抱怨酸，拿到甜的又会抱怨小。而我拿到了小橘子会庆幸它是甜的，拿到酸橘子会感谢它是大的。"

知足不是满足现状，无所追求，不对社会发展尽力，而是在物质追求上不要计较太多。我们以正确的心态面对，有舍有得，宠辱得失不必太在意。知足常乐，是一剂心灵的良药，让我们在纷繁芜杂的生

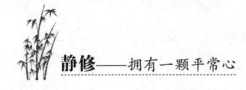

活中有一个良好的心态。用一颗感恩的心去对待现在，用一颗进取之心去开创未来。如果不知足于今天，不停寻找昨天、空想明天，那么拥有的就不知足，得到的就不珍惜。

知足者，贫穷亦乐；不知足者，富贵亦忧。知足者，不是放弃追求，而是认可自己的现状。因为知足，所以快乐；因为快乐，所以有更好的心态去追求未来。

傍晚时分，卖馒头的夫妇数着一天的收入，比前一天多了两块钱，两人相视一笑，非常知足；也是在这个傍晚，一个千万富翁因为所持股票下跌而自杀。

人生难得知足常乐。现实往往是残酷的，有人说过，金钱不是万能的，但没有它是万万不能的。但是我们绝不要因为追求金钱而迷失了自己，忘记了生活本身所带给我们的快乐。快乐是一种心态，不是因为什么重大原因而快乐，而仅仅因快乐而快乐。

9. 放下物欲，拥抱淡然人生

人生一世如草木一秋，生命是极为短暂而脆弱的。如果我们每个人都贪婪无边，为了满足内心的欲望而不惜自己的生命，哪里能够拥有平淡和从容的生活呢？

在单位中，大家都叫他"拼命三郎"，为此，他的业绩一天天地在攀升，同时，工资卡中的数字也在不断地变大。然而，他仍旧觉得自己拥有的"只有那么一点点"，所以，他仍旧不停地努力，不允许自己有休息的时间。

就这样，他已经完全成了一台工作机器。有一天，终于不堪负重的他晕倒在了办公室。在住院期间，他仍旧不分昼夜地联系业务。之后，又因为加班熬夜时间太久，他的生命的传送带还在继续运转，但是前进的齿轮却坏了，他彻底地崩溃了。同时，他终于有机会停下来，休息一下了。

在那段长时间的休养过程中，他发现，自己拥有的已经很多了，他原来所期望的一切都有了，现在唯一缺少的就是用心去好好地感受一下生活的美好了。于是，他开始让自己静下来，让生活的脚步慢下来，让纷杂的心归于平静安宁，让惊乱繁杂的生活从此归于简单和平淡。他时常告诉自己，是的，该知足了，应该好好停下来看看周围的风景了……

我们赚钱的目的无非是让自己生活得更好、更为舒心。如果我们只顾埋头苦干，不懂得停下来好好享受，那么，赚钱就失去了其本有的意义。如果你长期处于工作重压之下，就该试着对自己说：已经够了，应该让自己及时停下来，独享其乐融融的个人空间了。

"执着是苦，退一步海阔天空。"我们总是带着沉重在生活中舞蹈，当夜深人静，当我们真正静下来开始审视自己的时候，我们才发现，寻求一份真实的快乐和轻松是那么不容易。我们来到这个世上时，本来就是赤条条的人，平淡即来，从容即去，我们只有放下得失，放下欲望，才能够坦然地面对纷繁的世事。

快乐的人，都是对平淡生活的执着坚守者！最美的人生，就是对现实物欲一笑置之后的淡然！我们要学会淡然地对面人生，一切顺其自然，平静地面对平淡的生活，轻松地享受生活。

生活是人一生的全部内容，我们每个人总会对它有着美好的追求和向往，只有适可而止地追逐物欲，才能让生命在激情中感受到切实的快乐。当岁月的河流从生命中滔滔流过，童年的无忧无虑早已如梦般散去，你是否在感叹光阴似箭，因为脚步太过匆忙，还没来

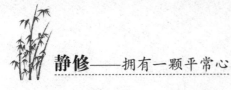

静修——拥有一颗平常心

得及品味生命的真滋味就悄然老去？春华秋实，夏霖冬雪，知足是快乐幸福的源泉。我们要以超然的心态把握人生，看淡名利、物欲，这样才能坦然面对纷繁世事，荣辱不惊地正视自己生存时空的尴尬与不幸，这样的人生就是有滋有味的人生，就是淡然的人生。

第4章 静心之道：
一念放下，万般自在

"情执是苦恼的原因，放下情执，你才能得到自在。"情执就是执着于某种感情，一刻也不愿意放下。人的内心不能安静，就是因为很多情绪情感不能消失，也就是内心不能放下，这样往往就让人活得比较烦恼。只有痛快地把这些东西丢下，我们才能够活得比较自在。所谓一念放下，万般自在。

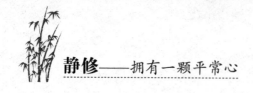

 ## 1. 天地间的真滋味，唯静者能尝得出

在物欲横流的快节奏的现代生活中，要想寻求内心的平淡是极为不容易的一件事情，能够保持一颗晶莹透亮的纯美之心是我们每个人都在寻求和期望的。

"春有百花秋有月，夏有凉风冬有雪。若无闲事挂心头，便是人间好时节。"这首诗最能体现出那些寻求平淡生活的人的心境。然而，我们要想达到云卷云舒、花开花落的恬淡和从容的境界，一定首先要淡泊人生的利益得失、淡泊荣辱。

很多时候，快乐并非拥有的多，而是渴求的少，只要我们的内心能够坦然地接受当下的平淡的生活，能够从容地面对生活中的琐碎事情，知足常乐，随遇而安，便能够恬淡自然，才能够在宁静中品味出人间的真滋味。所以，如果我们事事、时时都能坚持恬淡，并能够长时间地坚守，心中就一定会充满快乐和幸福。

弘一法师，也就是李叔同，他本来生于富贵之家，前半生可谓享尽了人间的荣华富贵，长大后又成为一位才华横溢的艺术大师。他集诗、词、书画、篆刻、音乐、戏剧等艺术才华于一身，同时还在其他的领域中开了中华灿烂文化的先河。

他在音乐方面也有很高的艺术造诣，他亲自创作的《送别》历经几十年传唱仍经久不衰，成为经典名曲。他凭着自己在艺术上的极高造诣，先后培养出了名漫画家丰子恺、名音乐家刘质平等文化大师。

但是，正当李叔同盛名如日中天、正享荣华之时，他却到虎跑寺

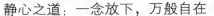

削发为僧了，自取法号弘一。入僧后，他一日只食一餐，而且不吃菜心、冬笋、香菇等蔬菜，理由是这些菜的价格要比其他素菜的价格高出几倍；身上除了三衣破衲、一肩梵典外，再无长物，从来不受人施舍。挚友与弟子们供奉的净资，也被他全部用来印佛经了。由于他一心向佛，最终成为德高望众的律宗第十一代世祖。

弘一法师的一生可以精练地概括为"绚烂之极，归于平淡"。平淡是一个极高的境界，也是最为真真切切的生活。平淡不是懦夫的自暴自弃，而是智者的胸有成竹；不是看破红尘后的心如死灰，而是经历风雨后的大彻大悟；不是碌碌无为的得过且过，而是从容处世的潇洒自信。平淡的生活是一种安逸、幸福的生活，它没有喧嚣的嘈杂，没有世俗的烦恼，更没有填不满的欲望，有的只是一份从容、一份平淡，淡淡的快乐，淡淡的宁静，在淡淡中享受生活的真谛。

其实，真正的英雄和伟人都出于平淡之中，这样的人永远是淡然对待一切，永远向着心中最伟大的理想不停地奋斗着，不会让心灵在弯路繁茂的花丛之中迷失。在很多时候，生活就是这样在淡淡中流过。蓦然回首，我们才发现记忆中留下的只是一种温暖，一份感动，最后，在感叹中释然。人生最美是平凡，滋味最真是安静。

 ## 2. 别让空想阻碍了你前进的步伐

很多人的头脑中，有许许多多的奇思妙想，不过他们总是限于"想"，从来不去"做"。尤其是一些年轻人，对未来总是充满了各种各样的幻想，但是从来都没有认真地做过一件事情。要知道，一个人如果只是执着于自己的空想，就是在给自己的思想增加负担，也是在白白地浪费自己的时间。

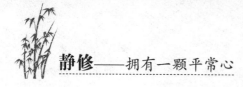

一个年轻人一直都想让自己一举成名，于是每天想着各种各样的方法，但是从来没有认真做过一件事。一转眼就两年过去了，还是什么成就也没有，因而他感到非常烦恼。

有一天，他行走在路上，一边走，一边思考着如何让自己出名，偶然间遇到了一位名扬天下的智慧大师。于是，年轻人便急忙高兴地走向前，请教大师是如何名扬天下的。

年轻人问大师说："我每天都在想如何成名，想了许多的方法，但是两年过去了为何一点成效也没有？"

智慧大师了解了他的心理，就问他："你真的很想出名吗？"

年轻人回答道："对啊！我连做梦都在想，我什么时候才能像您一样出名呢？"

大师不慌不忙地说："等你死后，你很快就会出名了。"

年轻人奇怪地问道："为什么我要等到死了以后才会出名呀？"

大师说："可以这么说，你一直想拥有一座高楼，可是从没有动手去建造，你一辈子只是都生活在空想之中。等你死后，人们就会经常提起你，以告诫那些只会做白日梦、不肯动手去做事的人，这样一来你就名扬天下了。"

有梦想是一件好事，但是仅仅将梦想停留在心中，只能是一种空想，不仅永远也达不到你想要的结果，只会徒劳地给自己的思想增加无谓的痛苦。要让自己远离痛苦和烦恼，要想让梦想变成现实，唯有马上行动，这是唯一的方法，也是最为直接的方法。

曾经有个大学生是被公认的有才华之人，但是大学毕业已经四五年了，还没有做出任何成绩。而看看自己周围的那些朋友，看看自己昔日的那些同学，他们曾经一个个都不如自己，可是现在，有的做了主任，有的做了经理，还有的开始创业当老板了。看着这样的现实，他不免有些怅然若失。

其实，这个很有才华的同学就是典型的爱幻想者，他有很多的梦想，有很多的构思，也有很多的创意，每次与朋友或者同学见面后，他都能激情飞扬地大谈自己的理想，但是他从来没有付出过任何行动，既便付诸了行动，也因为遇到挫折马上中断了。

他身上有两个特点，一是永远想得多做得少，二是总将实现梦想的过程想得太过艰辛，方方面面都想得很是仔细，各种风险都能预见到，畏首畏尾，最终也不了了之，行动还没开始已经把自己吓倒了。

一个朋友见他如此，于是就劝他要大胆地去做，不要被所谓的困难吓倒了。最终他认识到了自己的致命弱点，就立即辞了自己稳定的工作，开始了风风火火的创业。几个月之后，业务就开展得相当可观，让周围的朋友和同学对他刮目相看。

有一次记者去采访他，他这样说道："我过去只是活在空想的世界中，把所有的事情都想复杂了，其实真正付诸行动后，才知道很多事情并没有自己想的那样复杂……复杂的思想有时会成为成功道路上的阻碍！"

烦杂的思想、复杂的思路会是你成功的障碍。简单的往往是最好的，直接的往往就是最快的，所以要达成目标，最好就直接去进行尝试，不妨在尝试之中思考问题，在实践之时不断探索，否则就是站在岸上学游泳，永远也学不会。

3. 释放心灵，学会放下

人的最高智慧是放下。生活中，每个人都渴望得到，渴望拥有，而不愿意放下。对于经商者而言，得到百万，还想拥有千万甚至上亿；对于从政的人而言，总想拥有更高的职位……最终只会让心灵

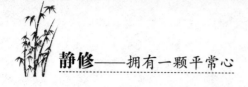

背负上沉重的负担，使自己疲惫不堪。要想获得解脱，变得轻松，就要懂得及时放下。

大千世界，色相迷离，要想获得心灵的解脱，不仅要学会选择，更要学会放下。尤其是不要做非分之想，不能得陇望蜀，不可贪心不足。对于本非属于自己的东西，要果断地放手，这种放手不是失去了什么美好的东西，而是得到了更为美好的生活。它不是一种被动的忍痛割爱，而是一种难得的远见卓识。

然而有的人个性执拗，偏偏就是难以放下，得到了一样东西，又想得到更多；得不到的东西，更是想方设法地进行获取，永远不知道主动地放下，直到自己受到伤害之后，才不得已地放下。其实任何事情总有放下的时候，与其迟一步放下，还不如早一步放下。

有一个人总是有很多事情放不下，对此感到非常苦恼，于是就去向一位老和尚倾诉说："对于很多的人，我放不下；对于很多的事，我也放不下。"

老和尚说："这个世界上没有什么事情是放不下的。"

这个人很不服气，坚持道："有的事的确可以放下，但是对于这些事，我无论如何也放不下。"

这时候，老和尚不再和他争了，递给这个人一个杯子，然后提起了一个茶壶给他倒茶，一直到茶满了也不停。热水从茶杯溢出来，把他的手给烫着了，于是他就放开了杯子。

此人惊奇地看了看和尚，而和尚却笑了笑道："其实没有什么事情是放不下的，让你苦了痛了，自然就会放下了。"

的确如此，这个世界上，没有什么是放不下的。如果你不主动放下，那么等待你的就是被动放下。有的人为了名利而日夜钻营，等到劳累伤身而病倒在床，那么就不得不放下了。有的人为加官进爵而徇私枉法，等到私情暴露锒铛入狱，那么也就不得不放下了。很多时候，当人失去了追逐的资本和能力之后，曾经周遭的一切的嘈杂和浮华随之烟消云散，这时候反而能够获得内心的平静和安宁，才知道开始享受生活的简单和心灵的宁静。

枯叶坦然地放弃枝条，是为了迎接春天的葱茏；蜡烛流泪燃烧，是为了拥有自己的光亮；人能够放下热闹的喧嚣，才能享受宁静的快乐。学会放下，不是英雄气短，也不是故作姿态，而是一种生活的智慧，是心灵获得自由的学问。当你能够放下的时候，才能够让自己腾出手来，拾取真正属于你的快乐和幸福。

4. 执着于自我，就是画地为牢

大千世界之中，有的人总是执着于外在的事物，以学识学位为凭借，以金银财物为依靠。其实，这样是被外在的事物所控制，根本就不能让自己获得真正的自由。只有放弃对外界的执着，才能进入真正的自由，享受真实的自在。

那若巴是一位佛教大学的老师，可谓学富五车，过着优越的知识分子的生活。帝洛巴是一位住在河边的瑜伽修行者，靠人家的稻谷残屑和自己捕鱼生活。那若巴由于对知识分子的生活感到迷惑，就去向帝洛巴请教真理。

那若巴在一个早晨披戴着破烂的衣服，眼睛充满血丝，来到河边见到了帝洛巴，就马上顶礼，然后绕到他的身旁，积极地求法。

帝洛巴问那若巴："你想寻求什么呢？"

那若巴说："我想寻求开悟后的自在。"

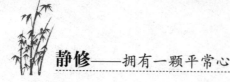

帝洛巴又问他："那么你希望从哪里进行解脱呢？"

那若巴回答道："我想从各种各样的事物上进行解脱。"

帝洛巴开示道："其实不是外在的东西束缚你，而是执着把你束缚了，只要放下执着，就能达到开悟的自在。"

听完帝洛巴的话，那若巴立刻就顿悟了。

帝洛巴曾在一首诗歌中说，如果有执着，那么就有痛苦；如果有偏见，那么就有限制。有的人常常执着于外在之物，而有的人则喜欢执着于一个自我，想方设法地保护自我，毫无理由地认同自我，坚定不移地相信自我。殊不知，他们执着的"我"并非真正的自己，而是一个幻影而已。很多修行之人，就是因为执着于一个自我，难以在修行上达到一个很高的境界，让自己的智慧上升一个更高的层次。

苏轼和佛印是好朋友，有一天苏轼去找佛印聊天，两人面对面盘腿而坐，一时之间聊得兴起，苏轼问佛印道："你看现在的我像什么？"

佛印回答说："现在的你简直像一尊佛。"

说完佛印又问苏轼道："你看我像什么？"

苏轼回答道："你简直就像一堆牛粪。"

佛印微微笑了笑，没有讲任何话，于是苏轼就认为自己胜过了佛印。

回到家里，苏轼把这件事情告诉了苏小妹，没有想到苏小妹说道："哥哥，其实是你输了。"

苏轼问道："为什么？"

苏小妹帮他解释说，因为佛印的内心是佛一样的境界，所以他看苏轼就像一尊佛；而苏轼的内心就像一堆牛粪，所以看佛印就像一堆牛粪。

听了妹妹的解释之后，苏轼不觉得脸就红了。

苏轼就是因为执着于自我，放不下自己的才，放不下自己的智，时时都有一颗与人一较高下的俗子之心，所以使得他的禅功难以长进，更是难以达到很高的境地。

执着就像一个蚕茧，将自己紧紧束缚，只有放弃执着才能让自己振翅高飞；执着就像一间监狱，把自己牢牢监禁，只有破除执着，才能自由自在。我们既要放弃对外在物质的执着，更要放弃对自我的执着，只有这样才能让我们的生命得到升华。

5. 乐天知命，看通生死

"离离原上草，一岁一枯荣。"万物皆有荣枯，生命亦如此。有生有死的人生是自然的，是造化对生命的恩赐，更能够凸显生命的宝贵，死是生不可或缺的一部分，正因为有了"死"才能更显"生"的珍贵。生活中，很多人却看不通生死而对生死心生恐惧，在"生"的时候不懂得珍惜，盲目地去追求外在的物欲，劳心劳力，而到死的时候，却凄凄惨惨，痛苦不堪。

佛家宗衍禅师说道："人之生灭，如水一滴，沤生沤灭，复归于水。"是告诉我们，生死是自然规律，都是生命的两种不同的形式，我们不要过于将其看得太重，要注意其间的过程，生不贪求，死不畏惧，这样才能乐观达命，才能顺应自然，安然和谐地度过生命的每一天。

武则天在当政期间，慧安法师已经年逾百岁。武则天把他迎请到长安。

有一天，武则天问惠安道："多大年纪了？"

惠安回答道："已经记不得了。"

武则天奇怪地问："怎么连自己的年龄都不记得了呢？"

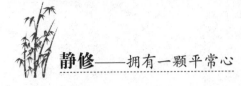

惠安说："人之在世，生生死死，无始无终，哪里是开始，哪里又是终结？人的心境当如同流水永无间断，如果看到一个水波就有起灭之念，那也是妄念。记住自己的年月又有什么用呢？"

武则天听了惠安法师的话，深有感触，对惠安崇敬至极。

等到大限将到之时，慧安对他的弟子说："等我去世之后，你们就把我的尸体扔到树林里去，让野火把尸体烧掉就行了。"说完这番话之后，他就开始打坐入定，几天几夜不吃饭也不睡觉，过了五天终于圆寂了。

惠安法师不愧是一位得道高僧，因为看通了生死，以一颗平常心面对生死，无喜无忧，自然没有痛苦和烦恼。

关于生死，老子也提到"物壮则老，老则不道"，是指一个东西壮大到极点，自然要衰老，老了表示生命要结束，而预示另一个新的生命就要开始了。用通俗的话说，真正的生命不在于现象上的生死，而在于灵魂和精神的存在意义。所以，我们要看通生死，将生死看成一个自然的过程，一切顺应自然，不苛求，重生乐生，这样才能不会被后天的感情所扰乱。

日本有位著名的桃水禅师，在多座寺庙修行了很长时间，他的弟子也非常之多。有的弟子不堪忍受修行的生活而半途而废，不过前往拜师的人依旧是络绎不绝。后来桃水禅师离开了寺庙，在一座桥下，同一个乞丐共同生活。

有个昔日的弟子发现了他，请求重新跟他修行。

他说："如果你可以跟我一样在这座桥下生活几天，我就会考虑继续教你。"

于是这个弟子就走进了桥下，与他一起过乞丐般的日子。

第二天夜里这里死了一个乞丐，桃水禅师跟大家把尸体抬到深山埋了。回到桥下，桃水禅师倒头就睡，仿佛什么事情都没有发生一样，一觉就睡到大天亮。而那个弟子却一夜没有合眼。

天亮的时候，桃水禅师对这个弟子说："今天大家可以不用去化缘了，昨天死的那个同伴还剩下一些东西。"说着就拿出来准备同他一起食用。

这个弟子看着食物，怎么也吃不下一口。桃水禅师说道："我早就知道你无法看透生死之事，这样是无法跟我继续修行的。"

弟子听了之后，只是默然不语。

桃水禅师向他招了招手道："你赶紧回去吧，为什么要在这里白白浪费时间呢？难道想继续烦我吗？"

于是弟子就只有转身离开了。

生亦何欢，死亦何悲。生与死是一种自然现象，正如日月交替一样，有白天就有黑夜，有寒冬就有暖春，有出生就有死亡。生死是一件平淡无奇的事情，对于出生我们可以满怀欢喜地进行迎接，对于死亡我们也应当宽怀安心地进行送往。只有看淡生死才能顺其自然，处之泰然；只有随缘才能获得潇洒和自在的人生。

6. 敢于放下，才能"拿"得更多

人生在世，对于所得之物，往往难以放手，一旦失去之后，内心依旧难以放下。其实，如果能够坦然地放手，那么就能顺手捡起快乐。

一个老人匆匆地赶上了一辆火车，可是不小心掉了一只昂贵的新鞋。瞧着剩下的一只，周围的人都替他感到惋惜不已。没有想到，车子刚刚启动，他索性把手上的一只鞋也扔了下去。车上之人对他的举动感到非常不解，问他为什么掉了一只还要把剩下另一只也扔掉。这个人笑了笑道："这双鞋子虽然很贵，不过剩下一只也就不能穿了。如果别人能够捡到一双鞋还能穿，捡到一只鞋没有丝毫作用。"

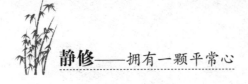

老人能够果断放弃另一只鞋子，不仅成全了别人，也快乐了自己。倘若他不是一个能放得下的人，可能一路上都要唉声叹气了。

在生活中，常常遇到一些不顺心的事，例如失恋、误解、做错事而受到别人的指责……有些人就会在心里解不开、放不下，往往会感到很累，无精打采，不堪重负。如果我们能够及时放下，缠绕我们内心的绳索不就自动解开了吗？只有放得下，才能让我们轻装前进，才能"拿"起更多。

泰戈尔说过这样一句话："世界上的事最好就是一笑了之，不必用眼泪冲洗。"人生在世，就要学会放得下。放下失恋的痛楚；放下屈辱留下的仇恨；放下心中所有难言的负荷；放下费尽精力的争吵；放下对权力的角逐；放下对虚名的争夺……放下该放弃的，就会获得另一番风景！

要知道，一些物质、感情注定是不属于自己的，我们只有学会放下，才能让心灵释然，才能彻底地解脱自己。

有些东西是注定不属于自己的，何必要苦苦与命运抗争呢？这个世界上没有永远的激情，没有一成不变的事物。人生好似花开花落，周而复始，没有永远不凋谢的花朵，没有永恒不变的感情！真爱一个人，不一定要拥有；真正的爱情，也不一定就会天长地久！如果你爱一只鸟，就给它飞翔的自由，给它享受蓝天的自由，给它品味风雨的自由；爱一个人，给他爱的自由，给对方选择的自由和拒绝的自由，这是爱情的至高境界。

苦苦地挽留晚霞的是傻瓜，久久感伤春光的是蠢人。什么也不愿放弃的人，常会失去更珍贵的东西。一个亘古不变的真理，拿得起，固然可贵；但放得下，才是人生处世的真谛。

普希金说："一切都是暂时的，一切都会消逝。让失去的变为可爱。"失去不一定是忧伤，反而会成为一种快乐；失去不一定是损失，而是一种奉献。做人就需要拿得起，放得下。拿得起在于不要随波逐流，保持着自我；放得下在于通达世故，使自己免于伤害。只有放得下，才能将拿得起的东西更好地把握住，抓住最重要的东西。只有这样，你的人生才会有一个更美好的结局。

7. 及时放下，让心灵远离喧嚣

随着现代生活节奏的加快，周围环境的喧嚣和浮躁，让人不停地忙碌、奔波，总是一往直前，毫不停留，就连吃饭也不知其味，只是匆匆地填饱肚子，越来越多的人时常会感到心灵异常疲惫，内心异常迷惘，不知道这样忙碌终究是为了什么，人活着的意义是什么。

现实社会充斥着太多的诱惑，如果你不能以平静的心灵去面对，就会感到心力交瘁或者迷惘躁动。为此，我们只有学会适时地放弃，才能让心灵回归最原始的平静和快乐。

在喧闹的城市的一个极为僻静的地方，有一家普通的铁匠铺，它的主人是一位年逾七十的老头儿，每天都过着极为悠闲的与世无争的生活。

这个铁匠铺采用最原始的经营方法，老头儿每天都会坐在铁门之外的摇椅上面，手中拿一把紫砂茶壶，身边放着一台半导体，货物摆在门外，不吆喝，也不还价，晚上也不收摊。老人根本不在乎生意的好坏，人老了，挣的钱只要能够养活自己就足够了。

有一天，一个经营古董的商人从这里经过的时候，不经意间就发现了老人身边放着的紫砂壶。那把茶壶外形古朴雅致，紫黑如墨，颇有清代著名的制壶名家戴振公的风格。商人立即感到这把壶价值

连城。于是，商人就走过去，又仔细观察了一下那把壶，果然上面印着戴振公的印章，他当即表示愿意出十万元买下这把茶壶。听到这么庞大的数字，老铁匠很是吃惊。随后，他还是拒绝了，因为这把壶是他家祖传下来的，不能随便变卖。

没有卖成壶，但商人走之后，老铁匠平生第一次失眠了。他没有想到一个极为普通的茶壶竟然如此值钱，他的内心有些不平静了。

原来他只是会悠闲地躺在椅子上面喝水，总是闭着眼睛把壶放在小桌子上面，而现在他总是要与壶坐在一起再看一眼，这让他感觉疲惫极了。最让他烦恼的是，自从周围的人知道他有一把价值连城的茶壶以后，门槛都快被踏破了。有的来向他询问家里还有什么其他的宝贝没有；有的听到他要发财了，开始不停地巴结他；有的在半夜时分还来敲他的门……这所有的一切打破了他原本宁静的生活。

过了一段时间，几位商人也竞相前来拜访。面对喧嚣，老铁匠再也无法忍受了。他立即招来左邻右舍的人，当着所有人的面拿起一把斧头，把紫砂壶给砸了个粉碎。

许多人被太多的物欲和功利牵制着向前赶，感觉到累极了。其实，更多的是心累。所以，我们一定要像故事中的老铁匠一样，果断地放弃那些困扰自己的东西，抛弃那些浮华和虚荣。欣然面对清贫，面对平凡的日子，那么，心灵便会倍感轻松，就能够享受到生活中的美妙的芬芳。

8. 放下过去，拥抱未来

与其去排斥已成的事实，不如去接受它，这个叫作认命。人有旦夕祸福，月有阴晴圆缺。每个人都会发生一些意想不到的事情，这些事情或大或小，比如丢失一件衣服，跑失一只小狗，掉落一个钱包，抑或是发生一次车祸，发生一场大火，离去一位亲人，当这些事情发生到我们身上的时候，我们或是唉声叹气，或是悲痛欲绝。对于我们不愿意看到的事实，我们总是不愿意去承认它，然而无论你是承认它还是不承认它，它都已经发生了，所以你不如接受它。

有一位禅师背着一坛美酒在路上行走，酒香四溢，引得周围的人都忍不住跟了过去，满口赞叹这酒的香气。

突然，背酒坛的绳子断了，酒坛掉在地上摔碎了，酒洒了一地。顿时，酒的香气令周围的人都如痴如醉，有的人竟然忍不住趴在地上喝了起来。可是那位禅师却从始至终都没有回过头瞧一眼，继续向前走着。

有人感到奇怪，忍不住追上去问道："你的酒坛碎了，你怎么都不回头看看呀？"

那位禅师边走边说："既然酒坛已经碎了，酒也已经洒了，又何必再回头呢？纵然回头，也无法改变洒酒的事实呀！"

是的，酒已洒，再后悔，再难过，也改变不了事实。这也告诉我们，过去的事情已经成为永久的过去，你再伤心，再难过，也改变不了什么，而且会拖累你的未来。正如泰戈尔所说："如果你为失去的太阳哭泣，那么你也会失去星星。"生活中，很多人因为经历了伤痛、磨难和挫折，便经常让自己沉浸在痛苦之中，拿过去的伤痛去折磨自己，让心灵沉重不堪，让过去的痛苦不停地向前延伸，直到牵制到你的未来。如果你能像故事中的禅师一样，及时放下，那将会获得别样的人生。

在法国有一个偏僻的小镇，这里有一眼特别灵验的泉水，据说可以医治各种疾病。

有一天，一个拄着拐杖、少了一条腿的伤残军人，一跛一跛地走过镇上的马路。

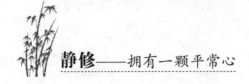

静修——拥有一颗平常心

旁边的人一个个带着同情的口吻说:"可怜的人,难道他要向上帝请求再有一条腿吗?"

伤残军人听到这句话后,转过身子,对大家说道:"我不是想向上帝请求有一条新的腿,而是要请求他帮助我,教我没有一条腿后该如何过日子。"

这位伤残军人经受着非同一般的苦难,可是苦难并没有压垮他,他没有任何的抱怨,没有任何的颓废,面对失去一条腿的现实,开始寻找新的生存方式,在自己没有想出办法的时候,还会主动地去请教别人。相反,倒是那些小镇居民,一个个胡乱猜测,一个个内心窃笑。相比之下,他们是多么的渺小,而军人是多么的伟岸。

"何必眉不开,烦恼无尽时,一切命安排,当下最悠哉。"在任何时候,烦恼都是无忧无虑的,你只需要怀着一颗感恩的心,活在当下,生活就会过得安然而又超脱,你的人生也就达到了另一种境界。

在任何时候,做好当下的事情是最为有意思的事情。很多时候,我们固然不能左右现实,却可以改变心情;我们不能改变容貌,却可以展现笑容;固然不能控制他人,却可以掌握自己;我们不能样样都胜利,却可以事事都尽力;我们不能决定生命的长度,却可以控制生命的宽度;我不能改变过去,却可以利用今天。外界的事物左右不了我们什么,重要的是我们当下的心态。

很多人可能会说,过去的事情对我的伤害实在太大了,我如何也不能从悲伤中转变过来。不,你完全可以转变的,只需要改变一下当下的心态即可。你可以让自己尽力地平静起来,然后这样想:正因为过去的不幸,才让自己学会了满足于当下的生活。当时的痛苦都已经承受下来了,难道你还没有勇气去面对当前的生活吗?为此,你完全可以怀着一颗感恩的心,这样才能够使自己尽快从昨天的痛苦和烦恼中解脱出来,世界上没有什么坎是过不去的。

第5章 | 为人之道：
宽以待人，学会包容

　　"与人相处之道，在于无限的容忍。"人在这个社会中，不可避免地要与各种各样的人交往，那么怎样才是智慧的相处之道呢？那就是两个字——宽容。我们要学会宽容各种各样的人，不但要宽容我们的亲人朋友，还要宽容我们的冤家敌人。为了达到我们生命的高度，我们甚至要超越自己的内心，要无限地宽容下去。

1. 各让一步又如何

遇事争执，往往是既让别人不方便，同时也给自己带来麻烦。如果能够宽容别人，让人一步，往往就是"退后一小步，前进一大步"，与人方便，与己方便，彼此欢喜，海阔天空。

有一个绅士要过小木桥，他刚走了几步便遇到了一个孕妇，于是绅士很礼貌地转过身回到桥头，让孕妇过了桥。等孕妇走过之后，绅士又走上桥，走到桥中央时，遇到一个挑柴的樵夫，绅士二话没说，重新回到桥头，让樵夫过了桥。

等樵夫过了桥后，绅士没有贸然上桥，而是等独木桥上的人走完之后，才匆忙上了桥。这次绅士眼看就走到桥头了，这时迎面赶来一个推独轮车的农夫。这次，绅士没有回头了，而是摘下帽子，向农夫致敬道："农夫先生，你看，我就要到桥头了，能不能让我先过去？"

没有想到农夫把眼一瞪，说："你没看见我推车赶集吗？"

话不投机，于是两人争吵起来。

正当两人吵得不可开交的时候，河面上浮来一叶小舟，舟上坐着一位牧师。

于是两人不约而同地请牧师为他们评理。

牧师看了看农夫，问道："你真的很着急吗？"

农夫连忙答道："我真的很急，我急着赶集呢，错过了时间，我可能什么也买不到了。"

于是牧师说道："你既然急着赶集，为什么不尽快给绅士让路呢？你只要退两步，绅士便过去了。绅士一过，你不就可以早早过桥了吗？"

农夫听完之后，感觉惭愧万分，只好一言不发。

接着牧师便笑着问绅士："你为什么要农夫给你让路，就是因为你快到桥头了吗？"

绅士争辩道："在此之前我已给许多人让了路，如果继续让农夫的话，我便过不了桥了。"

牧师反问道："那你现在是不是就过去了呢？你既然已经给那么多人让了路，不妨再让农夫一次。即使过不了桥，起码保持了你的风度，何乐而不为呢？"

听完牧师的话，绅士也涨得满脸通红。

生活中，如果与他人发生争执、纠纷、磨擦，就不妨多一点谦让，多一点理解，学会化干戈为玉帛，这样不仅能让自己少一份烦恼，而且还能收获幸福的生活，人与人之间的和气和珍贵的友情。

在很多时候，"忍让"中的"让"并不是一种无能和懦弱的表现，也不是低人一等的表现，而是一种大度的风格、一种高尚的情操，它是处理人与人之间摩擦、矛盾的黏合剂，也是使人们心灵获得快乐的重要秘诀。

在现实的生活之中，很多人都会为了一点小事而互相谩骂，甚至会反目成仇，对簿公堂。如果他们彼此各退一步，就可以避免一场唇枪舌剑引发的"争斗"，人与人之间就能和谐相处。人们常说："唯宽可以容人，唯厚可以载物。"所以，为人处世要多些坦然和微笑，当你与别人发生矛盾时，与其与对方针锋相对，不妨相视一笑，退一步或许就能够海阔天空。随心随意，万事不向他人苛求，才能让心灵获得快乐与平静。

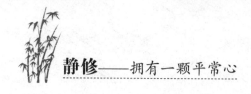

 ## 2. 宽容别人，给自己留空间

原谅别人，就是给自己心中留下空间。在与人交往的过程中，当一个人有了过失，切勿立即发作，要懂得给自己留一点回旋的空间，否则会给自己造成无法挽回的损失。

寺院中有一位很有修行的老禅师，夏天的一个傍晚，他在寺院中散步。当他走到寺院的墙角的时候，突然就看到墙角边有一张椅子，他一看就知道寺院中肯定有人违反寺规到山下的街上去溜达了。

见到此，老禅师并没有生气，只是悄悄地将椅子移开，然后就盘腿坐在了放椅子的那个地方。一会儿，果真有一个小和尚翻墙而入，在黑暗中他就踩着老禅师的肩膀跳进了院子中。当他双脚着地的时候，才发现自己踩的根本不是椅子，而是自己的师父。见状，小和尚顿时惊慌失措，张口结舌，想着，这下完了，一定会被老禅师赶出寺院了。看上去小和尚一脸的尴尬和难过。

但是，出人意料的是，老禅师不但没有责怪他，反而心平气和地对他说道："夜深天凉了，快去多穿一件衣服吧!"小和尚听了十分感动，从此之后，他再也不敢违反寺规了。

在上述故事中，如果在老禅师发现小和尚违反寺规以后，先是生气、愤怒，再对小和尚严加惩罚，将其赶出寺院，那么，两人的痛苦和恼烦自然少不了。而禅师则是以宽容的心态去处理这件事情，可以让双方减少很多麻烦。由此可见，宽容对于改善两人之间的关系和身心健康都是十分有益的。

很多时候，宽容是一种最有力度的说服，能够顺利地化解矛盾，滋润他人的心灵；宽容是一种博大的情怀，它能够让人看穿人间的喜怒哀乐；宽容也是一种至高的境界，它能够消除人与人之间不可避免的烦恼和痛苦；宽容能够"治愈"人与人之间不愉快的创伤。总之，宽容能让人的心灵获得无与伦比的平静和快乐。

生活中，如果你能够包容周围人的一些过失，就能够防止事态的扩大化，能够有效地预防彼此间的矛盾，避免产生极为严重的后果。事实证明，不宽容的人不仅会置别人于绝路，也会置自己于绝境之中。而宽容的人不仅是在解脱别人，也是给自己留后路。

有一次，楚庄王宴赐群臣喝酒，一直喝到天色都黑了。于是楚庄王命令点燃蜡烛，继续狂欢。看到群臣酒兴浓烈，楚庄王就让自己的爱妃许姬给大家敬酒。许姬漂亮，出来给大家敬酒更加增添了几分欢快的气氛。

没有想到，正当她给大家一一敬酒时，一阵大风吹来，把大厅里的烛火全吹灭了，这时却有人趁机扯住了许姬的衣袖，想调戏她。

许姬非常聪明，她并没有声张，而是趁机把那人的帽缨扯断，然后向楚庄王报告说："刚才灯火熄灭的时候，有人拉扯我的衣裳。我已经扯断他的帽带拿在手里了，叫人赶快把火点上吧！看看是谁帽带断了。"

楚庄王说："宴赐群臣喝酒，有人喝醉而失礼，怎么可以为了彰显女人的节操而使臣子受辱呢！"于是传令左右说，"今晚同我一起喝酒，不喝到帽带断了，就不算尽兴。"

大臣们都摘下自己的帽缨后，庄王才命令点燃蜡烛。

许姬对此感到非常惊讶，埋怨庄王不为她出气。

庄王笑着说，人主群臣尽情欢乐，现在有人酒后失礼情有可原，如果为了这件事诛杀功臣，将会使爱国将士感到心寒，民不会再为楚国尽力。许姬不由赞叹楚庄王想得周到。

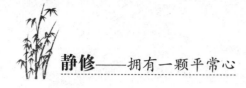

后来，楚庄王亲自率领军队攻打郑国，不料被郑国的伏兵围困住。正在危急时刻，楚军的副将唐狡单人匹马冲入重围，救出了楚庄王。庄王重赏唐狡，唐狡辞谢说："绝缨会上，扯许姬衣袖的正是下臣，蒙大王不杀之恩，所以今日舍身相报。"

最后楚国终于打败了晋军，因此变得日益强盛。

无独有偶，林肯在参选美国总统时，他的对手斯坦顿曾想尽一切办法在公众面前侮辱他，编造出五花八门的谣言，对林肯进行恶意的诽谤，进行无耻的污蔑，严重破坏他的形象，刻意让林肯丢脸出丑，为此，林肯的确是吃尽了他的苦头。但是即便如此，最终林肯还是击败了斯坦顿，成功当选为美国总统。然而，正当所有的人都以为斯坦顿从此就要倒霉时，林肯却委任他为参谋总长组建内阁。林肯的宽容和大度彻底感动和征服了斯坦顿。从此以后，斯坦顿总是身先士卒，尽心竭力，以此报答林肯的知遇之恩。

很多时候，我们都需要宽容。宽容不仅是给别人机会，更是为自己创造机会。如果不能宽容别人，不但没有给别人一个改过自新的机会，同时也给自己的人生堵住了一个路口，那么人生的道路也会越堵越窄了。

3. 宽容的力量是巨大的

得饶人处且饶人，就是告诉我们，在与人相处的时候，如果对方不是犯了什么重大的错误，能够原谅的时候不妨原谅一下，能够宽容就不妨宽容一次。宽容别人，能够让对方感恩戴德，如果你在日后遇到一些棘手的事情，也能够给自己留下一条后路，帮助自己渡过难关，或者是帮助自己解决一些重大的问题。

宽容的力量，小可以救人，大则可以拯救一场战争，拯救一个民族、一个国家！所以，生活中，我们应该学会用一颗博大的心去宽容别人，这样也是在给自己留后路。

宽容可以使人奋发向上，可以让人冰释前嫌，可以加深彼此间的友谊与感情，可以给人力量，就像阳光赐万物以能量一般。

有一位禅师住在山中茅屋修行，每天晚上打坐之后，都会出去散步。

一天晚上，禅师散步归来，远远就看见一个小偷，在自己茅舍东翻西找，但找不到任何财物，一副非常失望的样子。

于是禅师便脱下自己的外衣，站在门口等待小偷出来，为了不惊动小偷，连咳嗽都没有发一声。

小偷由于实在是找不到有价值的东西，只好转身走了出来，走到门口遇到禅师，感到十分惊愕，一时手足无措。

没有想到禅师却非常友善地说："我的朋友，你走大老远的山路来探望我，总不能让你空手而归呀！夜深了，带上这件衣服避寒吧！"说着就把衣服披到小偷身上。

小偷满脸羞愧，低着头溜走了。

禅师望着小偷的背影消失在山林之中，不禁感慨地说："可怜的人！但愿我能送一轮明月给他，照亮他下山的路。"

第二天，禅师睁开眼睛时，看到他披在小偷身上的外衣被整齐地叠好，放在门口，禅师高兴地说："我终于送了他一轮明月！"

人非圣贤，孰能无过？每个人都难免有犯错的时候，对犯了错的人，我们一定要给他改正的机会，以宽容之心去对待他，就是对对方的最好的教育。正所谓"润物细无声"，宽容的力量就如春天的细雨一样，能够滋润万物，感化人的心灵。所以，生活中，我们都要怀着

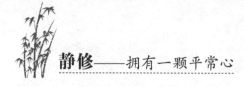

一颗仁爱之心，以宽容去善待他人，以善良来感化邪恶，以真诚来感化谎言，那么，即便是再邪恶的心，也能够被感化，也能够从善弃恶。从现在开始，就怀着一颗宽容之心去对待你身边的人和事吧！

 ## 4. 与人争辩，是一场没有胜利的赌局

　　生活中常会遇到一些专爱与他人争辩的人。面对这样的人，最好就是沉默应对，而不是以争辩的方法将对方批判得一无是处，不把对方说得哑口无言、低头认错，绝不罢休。

　　在任何时候，与人争辩都是一场没有胜利的赌局。这样的人言语犀利，能说会道，的确得到了胜利，让所有的对手望风而逃；但事实上，他们没有得到一点的好处，是大大的失败者，因为他们的这种行为会招致他人的嫉恨与疏远，无形之中为自己埋下了祸根。

　　孔融是三国时家喻户晓的人物，从小就聪慧过人，有一个特点就是能言善辩，这一点既给他带来了好处，也给他种上了"祸根"。

　　孔融的父亲与当时洛阳才子李元礼是故交，李元礼也很欣赏孔融的聪慧和才华。在孔融成年后，李元礼就力排众议，推荐孔融为京都大学之师，并视为知己好友。然而，孔融却因为爱与人争辩，且言语锋芒，为他的人生埋下了沉重的伏笔。

　　有一次，孔融正在与李元礼谈话，碰巧太中大夫陈韪前来造访。李元礼就向陈韪夸赞孔融小时候是如何的聪慧有才华。而陈韪则用轻视的口吻说道："小时候聪慧的人，长大以后未必如此！"

　　孔融听罢，顿时很是愤怒，讥讽道："想来太中大夫小时候一定是十分聪慧的啦！"

听完孔融的话，陈韪顿时唇紫髭翘，无言以对。从此之后，他心中充满了对孔融的厌恶感。他认定，一个总爱逞口舌之快的人，将来的命运一定不会很好。

果然，等到孔融在曹操麾下效力时，终于因为口舌之快，让自己丧了命。孔融总是在曹操下决定时，立于一旁冷嘲热讽一番，机智的口才让曹操无可奈何。甚至，孔融干涉曹操父子的私生活，给曹操写了一封信，讽刺其子曹丕纳袁绍的儿媳为妾。

多年来，曹操对孔融一直憋着气，最后，他借着孔融谋反的名义，将其痛快地处死。

军事与谋略见长的孔融，在不与当权者合作的同时，又喜欢在一旁议论时政，自然不为曹操所容。正是孔融总爱逞口舌之快，总爱和曹操争论的缘故，才走上了一条不归路。

与人争辩，是一场没有胜利的赌局。就像孔融一样，固然有才，但是不懂得忍让，爱与人争辩，最终却葬送了自己。

可以试想，与人争辩，你就是让对方赢，他又能赢到什么？所谓的输，你又能输掉什么？这个所谓的输和赢，只是文字上面的罢了，我们多数的生命都浪费在语言的纠葛之中，最终伤的却是和气，是彼此间的感情。认清了这些，那么从现在开始，就要放弃那些无谓的争辩，用宽容与大度去包容别人，这样才能收获和谐、友爱与真诚。

5. 让婚姻散发幸福的味道

世界上没有绝对幸福圆满的婚姻，幸福只是来自无限的容忍与互相的尊重。每个人都渴望在婚姻中汲取到幸福的养分。然而，现实

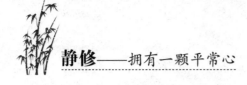

婚姻中的男男女女难免会为了小事闹矛盾、争吵，使幸福大打折扣。

其实，只需在婚姻中加入爱和包容，即可散发出幸福的味道。

有一天，一个人满脸憔悴、神色黯然地去见一位智者。原来，这个人刚刚结婚，但从他脸上却看不出任何新婚燕尔的喜庆。

他对智者抱怨道："我的婚姻为什么总是很不幸，我的前妻毛病很多，每天总爱唠叨，而且脾气暴躁，家里家外没有她管不到的。另外，她还特别爱花钱，不喜欢做家务。她还总是趴在我的腿上撒娇说：'老公咱们到外面去吃吧！'偶尔在外面吃一顿，我还是可以忍受的，但是，她三天两头要出去，我们为此经常吵架。久而久之，我对她厌烦至极，于是向他提出了离婚。前妻毫不犹豫地答应了。

"第一次婚姻的失败，我苦闷难当。一年过后，我想再婚，当时我想找一个能够省吃俭用、爱干净却又不乱花钱的女人进门。不久之后，我的愿望实现了。朋友便给我介绍了一个女孩，各方面的条件都符合我的要求。我非常喜欢她，认为这次婚姻一定能够得到幸福。于是，我就满怀希望地将这位女孩娶进了家门。

"但是，婚后不久，我就发现我新娶的这位夫人真是太爱干净了，每天都会将家中收拾得一尘不染，我每天回家进屋后必须先被她拽进浴室洗澡，换上家居服才能够吃饭。平时，只要说有亲戚朋友到家里来，妻子就会马上命令我和她一起大扫除，搞得我筋疲力尽。我这时候才明白，女人如果太爱干净了，可真是要人命啊！

"如果仅仅是爱干净也是能够忍受得了的，但是，妻子还爱翻我的钱包，每天要检查我的财务支出，搞得我经常囊中羞涩。每天餐桌上摆放的永远是青菜土豆。天天吃这些，真是太倒人胃口了。而妻子却振振有词地说出去吃，又要多花钱，青菜土豆就行，既营养又健康，还省钱……

"听了她的话，我真想一摔碗就立马走人。但是，刚刚结婚又不能离婚，唉，想想都痛苦，每天都将自己压得喘不过气来！"

智者听了，淡淡地对他说："生活中，每个人都有缺点，两个生活习惯各不相同的人结合在一起，就像两只长满刺的刺猬一样，一不小心就会扎到对方。如果两个人生活在一起，能够相互包容的话，容忍彼此的缺点和不足，能够去发现对方的优点，才能够获得最终的幸福。你的生活之所以太过压抑，只是因为你仅仅看到了对方的缺点，甚至在你的心中把对方的缺点和不足扩大化了，大到蒙住了你的眼睛，才让你看不到她的优点。"

其实，婚姻就像一杯原味咖啡，原味咖啡是苦涩的，极难下咽的，然而，到了加奶和糖的时候，马上就会变得极为香醇。幸福的婚姻也是如此，只要你在婚姻中加入爱和包容，就能够体会出幸福的味道。

6. 不原谅别人是苦自己

憎恨别人对自己是一种很大的损失。别人犯了错误，如果我们对对方心存憎恨，置自己于痛苦之中，就等于是在折磨自己。

曾经有一个大力士，名字叫作赫格利斯，体格高大，威风凛凛，从来都是所向披靡、无人能敌，因此，时时都是一副踌躇满志、春风得意的姿态，唯一的遗憾就是找不到对手。

有一天，他行走在一条狭窄的山路上，突然一个趔趄，险些被绊倒在地。他定睛一瞧，原来脚下躺着一只皮囊，于是生气地猛踢一脚，想把它踢到九天云外，没有想到那只皮囊非但纹丝不动，反而气鼓鼓地膨胀起来。

赫格利斯看到这种情形，就更加恼怒了，于是挥起拳头又朝它

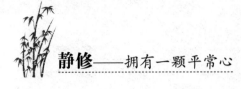

狠狠地一击，但它依然如故，仍迅速地胀大着。

赫格利斯暴跳如雷，拾取一根木棒朝它砸个不停，但皮囊却越胀越大，最后将整个山道都堵得严严实实。

任凭赫格利斯怎么打都拿皮囊没有办法，气急败坏却又无可奈何之下，赫格利斯累得躺在地上，气喘吁吁。

不一会儿，一位智者走了过来，赫格利斯懊丧地说："这个东西真可恶，存心跟我过不去，把我的路都给堵死了。"

这位智者淡淡一笑，平静地说："朋友，它叫'仇恨袋'。当初，如果你不理会它，或者干脆绕开它，它就不会跟你过不去，也不至于把你的路堵死了。"

当我们苛责他人的时候，就是在提升他人的怒气。而当我们以宽大的态度对待别人的时候，对方也会放下姿态，给你让路。

生活中，很多人之所以不肯原谅对方，只是想让对方痛苦。他们认为：对方给了自己那么大的伤害，让自己如此痛苦，现在如果原谅他，岂不是便宜了他。现在不原谅他，就是想让他痛苦。事实上，如果你不原谅对方，对方若会痛苦万分，说明对方对你有忏悔之心，很在乎你。而你看着他痛苦，其实你的内心也会痛苦，这是何苦呢？如果你不原谅对方，对方丝毫没有痛苦，而只是你一个人在延续痛苦，何必呢？

春秋战国时期，燕国有个人叫赵礼，他有一块地靠着路边。靠他地的这段路恰好比较低洼，下了雨就要积水，道路泥泞，难以行走。过路人只好踏着他的地走过去。

这使赵礼非常生气，于是他在地头上插了一个"禁止通行，违者罚银两"的牌子。但行路人似乎视而不见，依然从他的田地里穿行。

他一气之下，便在低洼路面和田地中间挖了一条让人跨不过去的沟。

没想到，这不仅没能堵住行人踩地，反而由于行人要绕大弯子而踩踏了更大面积的地。为此，他常常与行人争吵不休，总令自己气得寝食不安。

过了些时候，他的心慢慢地平静了下来，觉得行人总是要走这条路的，谁也不愿意走泥泞小道，如果把这条低洼的路修好，行人不就不从田里过了吗？于是，他排除了路面上的积水，挑土填平了低洼路面，修了一条平坦的小路。打那以后，行人再也不踩他的田了。

别人是你自己最好的一面镜子。你怎样对待别人，别人就怎样对待你。如果不能原谅别人，那么就是苦了你自己；如果原谅了别人，往往就能甜了你自己，你的人生也会焕然一新。

7. 大度一点，你可以快乐很多

走遍天南地北，每当我们在香火旺盛的寺院之中，总是能够看到一尊袒胸露腹、笑逐颜开、手携布袋席地而坐的胖菩萨，他就是人称笑佛的弥勒佛。他在笑什么，为什么而笑？有人曾以这样一副对联回答了这个问题："开口便笑，笑古笑今，凡事付之一笑；大肚能容，容天容地，与己何所不容。"其实是告诉我们，人只要大度一点，便能祛除诸多烦恼，就能获得更多的快乐。

有一位中国妇人远离家乡来到美国，她在美国开了家小店卖蔬菜。由于她的菜十分新鲜，价钱又公道，所以她的生意特别好。这就让其他摊位的小贩十分不满。大家经常在扫地的时候有意无意地都把垃圾扫到她的店门口。但是这个中国妇人十分大度，她并没有计较，反而每次都把垃圾扫到角落堆起来，然后把店门口清扫得干干净净。

她的旁边有一个卖菜的墨西哥妇人观察了她很多天，最后终于忍不住了，便问中国妇人："大家都把垃圾扫到你的门口，你为什么

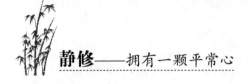

不生气呢?"中国妇人笑着说:"在我的家乡,过年的时候大家都会把垃圾往家里面扫。因为垃圾就代表财富,垃圾越多就代表你来年会赚很多的钱。现在每天都有人把垃圾送到我这里来,我感激还来不及呢!这就代表我的财运会一直很好。我怎么舍得拒绝呢?"

墨西哥妇人听了之后就把这些话传到各个小贩的耳朵里,从此以后,再也没有垃圾出现在中国妇人的门口。

中国妇人将诅咒化为祝福的智慧令人惊叹,但是更重要的是她的大度和与人为善。她宽恕了别人,同时也为自己创造了一个和善的环境,和气生财就是这个道理,所以她的生意才会越做越好。所以说,大度为人,少一些计较,会让事情变得好起来,也会让人与人之间的关系更为融洽。

心胸狭窄的人总是抱怨不休,纵使他有天大的本事也难以有所建树。做个大度的人,你就会发现天地如此广阔。不要在彼此摩擦中浪费时间和生命,天地很大,比天大的是人的心胸。每个人都大度一些,生活就会变得和谐而美好。

大度是一种睿智的人生态度,它教会人们学会隐忍,学会堂堂正正做人,坦坦荡荡做事。只有大度的人才不会在意一城一池的得失,才能赢得人心。

大度又是一种风度。大度的人愿意听取别人的观点,愿意采纳正确的意见,能够谦卑地与人交往。但是大度的境界需要用德行去修养,用智慧去创造,大度的人往往拥有美好的心境,拥有君子般的风度,能够更为融洽地与人交往。

当然了,要大度,首先要学会为他人着想,学会从对方的立场来看问题,这样自己的观点也会更加客观,态度也会更加冷静。如果每个人都能够以大度的心态去对待别人,那么生活就会变得极为美妙与融洽。大度为人是一种较高的素养,也是一种情操。大度并不意味着怯懦和胆怯，而是一种开怀处世的心态。大度的人是健康乐观的人，这种人会用一颗博大的心胸原谅身边人的一些小的过失，从而使自己获得心灵上的解脱。

 ## 8. 没有人喜欢被批评

在生活中，很多人看到他人稍有差错，就会去批评："你怎么这么笨啊，麻烦你动动脑筋好吧；你这样做是错误的，告诉你多少遍了，怎么还去犯这种低级错误呢！怎么回事啊，是不是不想干了……"这些批评就像带着利刃的箭一样，会刺痛他人的心。

要知道，这个世界上没有一个人喜欢被批评，批评在很多时候根本不能解决问题，而是只能起到相反的作用。所以，我们一定要用积极的眼光去看待他人，少一些批评，多一些赞赏，这样才能在和谐的人际中达到心灵的安宁。

安端的家位于马路边，这大大方便了她的生活，但是也给她带来了诸多的困扰。因为在马路边，前面不远处有个红绿灯，经过的车辆为了能够在红灯到来之前从路口驶过去，都会加快速度，安端家的狗就是为此而丧命的。

在很多时刻，每当车子疾驶而过时，安端都是在她家门下的花园中割除杂草。为此，她会对驾驶人大声地喊："能不能开慢一点！"有时候则不只大喊，还会挥舞手臂，想叫他们不要开快车。但是令她恼火的是，她发现这个办法一点用也没有。经过的车辆还是在她家门前疾驶而过，车上的人还会在飞车行经时别过头去不看她。特别是经常路过的一辆红色的车，最可恶，无论安端怎么高声尖叫、用力挥手，那车上的女郎还是在危险地飞速疾驶。

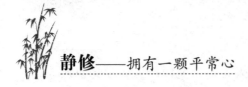

有一天，安端又在花园中割草，她又注意到那辆红色的跑车逐渐驶近，速度飞快依旧。安端什么也没做，因为她觉得不管用什么办法叫她减速，都是白费力气。她看着车中的女人看着她，就微微地对对方微笑。就在这时，那个红色车的刹车灯亮了一下，车速也放慢了。

安端觉得很是惊讶，她第一次看到这部跑车不是以要命的速度呼啸而过。她还注意到车上的那个女郎在对着她微笑。

从此以后，那个女郎每经过那里看到安端，总是会放慢车速，对她微笑、招手。在好奇心驱使下，安端有一次关掉除草机，走到院前问对方："为什么对我微笑，还对我招手？"

那个女郎说道："很简单，不是你先对我微笑的吗？你把我当成好朋友，我也要对你微笑呀！"

这令安端大吃一惊，没想到，先前所有的大声批评，却没有一个微笑来得实在！

世界上，没有一个人能够安然地接受别人的批评，所以，批评在很多时候，根本起不到什么作用，而且会让人产生逆反心理。海尔集团的张瑞敏说："人们对于欣赏的回应，远远比批评更为热烈。"欣赏能够激励人们表现更为优越，以获得更多的赏识；而批评则使人耗损。当我们贬低别人时，其实也是在默许此人往后依然会按错误的方式行事！比如，如果我们说一个人工作态度不端正，这就等于让他接受了自己工作态度不端正的事实，这也给了他工作态度不端正的权利。那么，他可能在工作中，再也不会端正自己的态度了。如果你赞赏他勤快，可能会起到相反的效果。

所以，要让事物向正面积极的方向发展，就一定要多赞扬，少批评，这样不仅能让自己少些愤怒，而且能让自己成为受欢迎的人，使你的人际处于和谐的状态之中。

第6章 | 快乐之道：
随性而为，顺其自然

笑着面对，不去埋怨。悠然，随心，随性，随缘。注定让一生改变的，只在百年后，那一朵花开的时间。

快乐是一种心态，快乐来源于每一件小事。每天给自己一个快乐的理由，调整自己的心态。当你快乐时，你要想，这快乐不是永恒的；当你痛苦时，你要想，这痛苦也不是永恒的。

1. 人的痛苦在于追求错误的目标

人如果漫无目的，没有目标，就会变得没有追求，它会浪费人的天赋才能；人如果选择错误的目标，不但使人痛苦，甚至可能危害社会大众。

当人把财富、名利、权势当作唯一目标时，就会无视别人的需要，就连自己的真正需要，也会视而不见。

古时一个人想金子想疯了，有一天他穿上新衣服径直走到市场，来到一个金铺，抓起一袋金子，从容转身离开。

巡捕逮住他之后，对他的行为颇感困惑，询问他："为什么在大白天抢金子，当着这么多人的面，还若无其事呢？"

他问答说："我并没有看到任何人，我只看到金子。"

这个人因为追求金子而失去了自由。人之所以痛苦，在于追求了错误的目标，所以感到更深地迷惘。所以，我们要选择正确的目标。

目标虽然因人而异，但是选择目标的方法仍有常理可循。我们每一个人都可以反省自己："我现在究竟在做什么？我究竟做什么事能让生活有意义？我究竟做什么才会快乐幸福？"不断地反省，可以帮助我们选择正确的目标。

与其做个闷闷不乐的人，不如做个开开心心的人。一个选对目标的人，对于别人认为无法忍受的事也不觉得多么糟糕。庄子宁可逍遥自在，也不愿上朝为相。苏秦苦读，以求用世。

成功的人生实在始于正确目标。每一个人的成功都是不尽相同的，有的人比你多奋斗，有的人比你少奋斗。成功需要过程，命运的安排里你就是需要比别人更多经历。

三位信徒向一位德高望重的老禅师请教人生的意义，说道："人们说佛教能够解除人生的痛苦，但为什么我们信佛多年依然感到痛苦相随？"

禅师语重心长地对他们说："远离痛苦并不难，首先你们要明确自己生活的目标。"

信徒甲先回答道："生活的目标？我想买一套大房子，可是我买不起，我感到痛苦。"

信徒乙说："我想证明我的能力，我想赚很多钱，让父母妻子过上优越的生活，我感到痛苦。"

信徒丙最后回答："我没有前两位这么高的奢望，我就是想找一份安稳的工作，一家老小都依靠我。"

禅师笑着说："你们的痛苦世人皆有。"

信徒们困惑地说："那为什么看到大部分人都很快乐吗，他们不感到痛苦吗？"

禅师问："那你们觉得得到了你们想要的房子、金钱、工作就能快乐吗？"

信徒甲说："有了房子，就能快乐。"

信徒乙说："有了金钱，就有快乐。"

信徒丙说："有了工作，才能快乐。"

禅师继续问道："但是，为什么很多人有了房子也很烦恼，有了金钱也会轻生，有了工作却不快乐呢？"

信徒们无言以对。

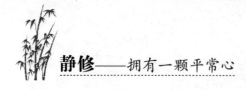

禅师继续说："生活需要平衡，一切都不是空洞的，而是体现在人们每时每刻的生活中。房子只是你生活休养的居所；金钱要用在为人民服务上，才有意义；工作要在创造价值中体现自我成就感，才能快乐。"

三位信徒似乎明白了什么。

人不可能什么都拥有，但生命是公平的，你一定拥有一样自己的长项。做对大众有意义的事，把这个做好了，你的生活就能平衡，你就能获得快乐。

这个世界上不是每一件事都能让我们随心所欲的。为何会不如意呢？因为有失的痛苦。所爱不得，所求不得，所欲不得，就会痛苦。要无痛苦，得大如意，就要知足，能随缘，则处处安心。

人活在这个世上，往往都有所追求。享受生命当中我们所拥有的点点滴滴，并且珍惜自己这样的福分，不要把目标定得太多。人的精力有限，目标太多，会让你们手忙脚乱。

 ## 2. 换个角度，烦恼即无

"当你烦恼的时候，你就应该知道这一切都是假的。"生命的使命不是纠结于烦恼，而是快乐幸福地走完人生。

烦恼不分贫富贵贱，所谓的烦恼并不在于人的物质生活标准，而是人的心态。人生之所以烦恼，是因为真假颠倒。把假的看成真的，计较得失；却把真的看成虚妄的，不用心体会。一个人若有平常心，则无论遇到任何境界及挫折，都能够真正安然自在；了解世间的形象本就如此。

一日，和尚向禅师请教。

和尚说："我在打坐时，忽然眼前出现一个没有头的人，是什么境界呢？"

禅师当下说道："无头，头不痛。"

"一会儿，又出现只有头和四肢的人。"

禅师言："无腹无心，不饿也不忧。"

"又出现一个没有脚的像。"

禅师言："无足不乱跑。"

禅师言罢，和尚顿悟，境界全部消失。

上面提到的境界，我们可以把它看作烦恼的化身。怎么才能让烦恼消失呢，那就是拥有禅师的心态。这其实并不难，把心胸放开，自然就能忘掉烦恼。为何人会有烦恼？很多时候是你以什么眼光去看。如果心胸狭窄，就容纳不了自己不喜欢的人，或是比自己能干的人。乱发脾气使自己产生烦恼，也困扰他人。

生活中，每个人可能都有这样的体验：当我们在年少的时候，因为学业而烦恼；成年后，因工作、爱情而烦恼；成家后，因金钱而烦恼。因为心中的欲望越来越多，凡是触及我们生活的东西，我们都想拥有，而这些欲望一旦得不到满足之时，我们的内心就会变得沉重。心里塞满了烦恼，快乐自然也就消失了。

佛家有言："万事皆由心生"，不要在内心无休止地纠缠烦恼，不要怨天尤人。抛弃烦恼，随心生活。

人生总有坎坷挫折，它们是成功的先导，不要害怕面对。当我们遇到坎坷挫折时，不悲观失望、停滞不前，应当把它作为人生中一次历练，把它看成是一种人生成长中的常态，这将有助于我们更好地谱写出自己的人生精彩。它能燃起我们的热情，唤醒我们的潜力，使我们达到成功。有骨气的人能将坎坷挫折变为前进的动力，如蚌壳

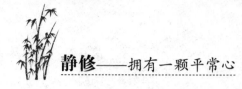

那样，将烦恼的沙砾化成珍珠。

塞翁失马，焉知非福？碰到挫折，不要畏惧、排斥。从某方面说，挫折对我们来说是一件历练意志的好事。唯有挫折与困境才能使一个人变得坚强，变得无敌。

不经历风雨，怎能见彩虹？只有经历失败才能成就完美的人生。当你战胜失败的那一刻，你会对成功有更深一层的理解。不断地反省和修正能使你走出一个完美的人生。真正有成就的人，都是在经历了失败和挫折之后才取得了辉煌。

漫长的人生路，谁都会面临坎坷挫折，不会永远一帆风顺。被挫折历练后的人总是更坚强、更成熟、更勇敢、更有力量。遭受坎坷挫折不但可以使人积累经验，而且可以使人生不断得到升华。所以我们更应该正视它。没有品尝过坎坷挫折的人，体会不到成功的快乐；没有经历过坎坷挫折的人生，不是完美的人生。

 ## 3. 做自己思想的主人，不要为别人而活

在网络里，有时你会看到发生各种"论战"，为什么会如此呢？有些时候是由一些人因为忌妒心，想诋毁某人，另一方不甘示弱而引起。其实像遭到恶意污蔑的事，以慈悲为怀的禅师也曾遇到过，我们来看看禅师的做法。

一位禅师在旅途中，碰到一个不喜欢他的人。他看禅师名望很高，一心想把禅师打败，好有机会升到禅师的地位，可是他并不修行。

连续好几天，那人用尽各种方法污蔑他。

一开始，禅师并不理会他。

可是那人没完没了，不依不饶。

最后，禅师转身问那人："若有人送你一份礼物，但你拒绝接受，那么这份礼物属于谁呢？"

那人回答："属于原本送礼的那个人。"

禅师笑着说："没错。若我不接受你的谩骂，那你就是在骂自己。"

那人看禅师如此睿智，明白自己修行不够，也就不那么妄为了。从此，他对禅师礼貌有加。

过自己选择的生活，做自己思想和行为的主人。我们不要活在别人的眼光里，不要犹豫。这是你的生活，你拥有绝对的自主权来决定如何生活，不要被其他人的所作所为所束缚。给自己一个机会，不要害怕，不要担心，让生活来证明，你自己就是主人，你就是最棒的！

史蒂夫·乔布斯是一个创新天才，他的成就和人格魅力影响了整个世界，他就是拥有梦幻般传奇经历的苹果电脑公司的创始人。他就是从不为了别人而活，坚持做自己优秀产品的奇才。

1998 年 1 月，微软前总裁比尔·盖茨在被问及自己最欣赏的CEO 时表示："就精神领袖而言，史蒂夫·乔布斯是我见过的最棒的。他有着完美产品的理想，而且他能够传播这种产品。"这个个人电脑领域的梦想家引领并改变了整个计算机硬件和软件产业。

史蒂夫·乔布斯大学没读完就辍学了。乔布斯辍学创立苹果公司，并在 1976 年 4 月与一道辍学的史蒂夫·盖瑞·沃兹尼亚克（Stephen Gary Wozniak）在自己的车库中创建了苹果。当时，21 岁的乔布斯担任销售员的角色，而沃兹尼亚克则是工程师。

2008 年 8 月，沃兹尼亚克在英特尔公司的一个会议上谈到乔布

斯时表示："从我们很年轻的时候开始，每当我设计出什么好东西，乔布斯总会说，'让我卖了它吧'，总是他来出主意把东西卖出去的。"

据监管部门的资料，2010年乔布斯领取了1美元的薪水。然而，他拥有公司550万股股份，按目前每股333美元计算大约价值18亿美元，苹果股价去年上涨超过50%。

1985年，因在如何运营公司问题上与苹果公司前任CEO约翰·史考利发生分歧，乔布斯被自己创建的公司解雇。而史考利是乔布斯从百事手中挖过来的。

1985年8月5日出版的《财富》杂志发表题为《斯蒂夫·乔布斯的垮台》文章，讲述了乔布斯被自己创建的公司解雇的事情。

"5月底到6月中，苹果匆匆完成重组，解雇了大约20%的雇员，并宣布了有史以来的首次季度亏损，该公司股价也跌至3年来的最低点，每股14.25美元。苹果同时宣布解雇30岁的公司共同创始人兼总裁史蒂夫·乔布斯。"

"乔布斯的命运引起了人们的高度猜测。他不仅仅是一个企业家，还是个人电脑的'苹果佬'（Johnny Appleseed）。很多业内人士对他的离职都倍感震惊，他们担心苹果将失去赖以成就辉煌的灵魂和视野。没有人公开说明乔布斯遭受不幸的内幕，但是有匿名人士向《财富》杂志透露了一些关键细节。"

苹果公司第一个大的成功是靠Apple II来完成的，这是一台让电脑在家庭普及的机器。1980年苹果电脑的销售从1978年的780万美元激增至1.17亿美元。1980年苹果上市，当时25岁的乔布斯也因此成了一个百万富翁。

30岁的乔布斯离开苹果公司之后创建了NeXT电脑公司。该公司开发同Mac电脑以及运行英特尔芯片和微软软件的电脑相竞争。

第6章
快乐之道：随性而为，顺其自然

尽管 NeXT 电脑因非凡的技术赢得人们的欣赏，该公司却没能在产品销售上取得成功。NeXT 公司的产品持续亏损，1993 年乔布斯被迫放弃 NeXT 公司的硬件业务。

1986 年，乔布斯以 1000 万美元的价格收购了电影导演乔治·卢卡斯旗下的电脑公司。他把这个电脑动画工作室命名为 Pixar，并与迪士尼签署了合作协议。

作为皮克斯动画工作室的 CEO，乔布斯极大促进了电脑制作电影的发展，《玩具总动员》《海底总动员》《虫虫特工队》《怪物公司》都是 Pixar 的杰作。这几部电影都取得了巨大成功。1995 年乔布斯决定将该公司上市，他回归业务。

2006 年，迪士尼以 80.6 亿美元的价格收购 Pixar。乔布斯是迪斯尼的最大股东，并占有该公司董事会的一席。

1995 年，苹果电脑处在了历史最低潮。该公司受到微软的巨大挤压。苹果电脑时任 CEO 吉尔·阿梅里奥极力寻求能人以挽救公司。1996 年 12 月，阿梅里奥以 4 亿美元的价格收购 NeXT，并以"非正式顾问"的身份迎回公司创始人乔布斯。

8 个月后，阿梅里奥离职，乔布斯成为临时 CEO。2000 年，公司将乔布斯头衔前的"临时"去掉了。乔布斯是在苹果电脑以 2 年的时间损失 18.6 亿美元的情况下重返公司的。作为转机的一部分，1997 年 8 月，乔布斯宣布与微软 CEO 比尔·盖茨建立前所未有的伙伴关系。盖茨向苹果投资 1.5 亿美元，苹果则在 Mac 电脑中兼容 IE 浏览器。

乔布斯在 1998 年 5 月使出最大的妙计——推出 iMac。iMac 将电脑和显示器融合到一台机器上。iMac 取得了极大成功，并帮助复苏了苹果的销售，至今仍保持着最佳赚钱产品之一的头衔。2007 年，Mac 产品占据该公司销售收入的 43%。

2001 年 10 月，苹果推出首款 iPod——一款进一步确立该公司市

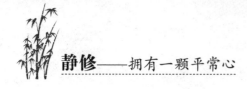

场地位的音乐播放器。2007 年，苹果推出 iPhone，2010 年推出 iPad。这两款产品都主导并引领着各自领域的发展。

2004 年乔布斯从一种罕见但有相当治愈可能的胰腺癌中康复。此后，在 2009 年上半年，乔布斯首次病休，当时他表示，他的身体问题要比自己此前抱怨的"激素失调"要复杂。

当时到处有传言猜测乔布斯的健康是否跟此前的癌症有关。后来，他表示在那期间自己接受了肝脏移植手术。

2007 年 1 月，乔布斯推出了苹果公司最新科技产品 iPhone——一款智能手机。随着 iPod 以及后来的 Apple TV 和 iPhone 的发布，越来越清晰的迹象显示苹果已经不再仅仅是一个电脑公司了，因此，也就涉及公司的正式名称上的"电脑"一词了。2007 年 1 月 7 日，乔布斯宣布苹果电脑公司更名为苹果公司。

2007 年 6 月，iPhone 出击市场。该产品再次升级。二代 iPhone 将支持 3G 网络和商业电子邮件系统。

乔布斯说："你的时间有限，所以不要为别人而活。不要被教条所限，不要活在别人的观念里。不要让别人的意见左右自己内心的声音。最重要的是，勇敢地去追随自己的心灵和直觉。只有自己的心灵和直觉才知道你自己的真实想法，其他一切都是次要。"

乔布斯是永远不满足一款产品的，无论何时何地，他最看重的就是创新。他带给我们的苹果产品，是乔布斯和他的团队的创新精髓的展现。我们在使用它的时候发现了乔布斯改变了世界，改变了很多人的生活方式和态度。

他为创新而生，他找到了他一生热爱的事业，并为其奋斗。如果他生活在别人的眼光里，就不可能有苹果帝国的神话。这个活在自己想象世界里的奇才，虽经历过各种挫折，但他那无所畏惧的个性使他一直努力实践自己的理想与价值观。

4. 因缘际会不可强求，不要纠结

　　前世五百年的回眸才换得今世的擦肩而过。因缘际会不可强求，是一种解脱与智慧的表现。缘如风，缘如云，随时来，随时去。茫茫人海之中，有多少人能够真正找到自己最完美的归宿呢？缘去缘留，有时往往只在一念之间。

　　有一个人对缘分始终感到困惑，他决定请教别人。

　　他问隐士什么是缘分。隐士想了一会儿说："缘是命，命是缘。"

　　此人没听懂，去问高僧。高僧说："缘是前生的修炼。"

　　这人还是不解，就去问佛祖。佛祖不语，用手指天边的云。这人看去，云起云落，随风东西，于是顿悟：缘是不可求的，缘如云，云不定。云聚是缘，云散也是缘。

　　世上很多事情不可强求。缘去缘留、缘起缘灭只在一念之间。缘是上天注定，让你在某年某月某日遇到你一生的有缘人。张爱玲说，在千万人中，在时间的无涯的荒野里，没有早一步，也没有晚一步，刚巧遇上了，然后轻轻地说一句："嗨，你也在这儿！"

　　老和尚有众多弟子，他想从中选一个接班人。

　　这一天，老和尚嘱咐弟子去对面的南山每人打一担柴回来。

　　弟子们经过长时间跋涉，终于到了山脚下，可是有一条奔流的河拦住了他们的去路。

　　只见洪水从山上奔泻而下，无论如何也休想渡河打柴了。无功而返，弟子们都有些垂头丧气。

　　唯独一个小和尚欣欣然。

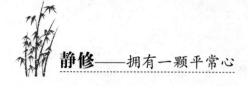

师父问其故，小和尚从怀中掏出一个苹果，递给师父说，过不了河，打不了柴，见河边有棵苹果树，我就顺手把树上唯一的一个苹果摘来了。

后来，这位小和尚成了师父的衣钵传人。

看庭前花开花落，望天空云卷云舒。因缘际会不可强求，凡事不必太纠结。看清人生无常，得之不欢，失之不恼，这样才能够达到随缘的最高境界。缘分要来，挡也挡不住；缘分要去，留也留不了。

顺其自然，不必刻意是一种心境。拥有这样心境的人是快乐的。

他们不会为今天得到了什么、明天失去了什么而抑郁，他们虽是凡人，却有着超脱凡俗的心灵。

生活常是这样，你越想得到的可能越会失去。学着享受现在拥有的生活，才有能力创造未来理想的生活。而当你为眼前所困扰时，往往会看不清前方的路，所以许多小事情，就让它随缘好了。花草树木、万物生灵，都有它的生存法则。有时，我们只需做一个观赏者。许多事，我们可以只是询问，但是绝不强求。

优秀的推销员不是靠伶牙俐齿，优秀的推销员并不强求顾客，却能抓住顾客的需求。

推销搜鱼器的销售经理黄文华在一个加油站停下车，他想给车加点油，然后争取在天黑之前回到公司。就在加完油等待交费的时候，黄文华看见自己刚加过油的地方停着四辆拖着捕鱼船的车。

他凭着多年的销售经验，知道他们一定会需要自己公司的产品。于是，他马上返回到自己的车上，取出几份"搜鱼器"的广告宣传单，走到每一艘船的船主面前，递给他们每人一份："我今天不是要向各位推销东西，我认为各位可能会觉得这份传单很有意思。你们上路后，有空可以看一看，打发一下时间，我想你们或许会喜欢的。最关键的是，这并不耽误多少时间，对不对？"

然后，黄文华一边开车离开，一边笑着向那些人挥手道别："不耽误时间的，是不是？"两个小时后，在一个休息站，黄文华停下车买了一瓶可乐，就在这时，他看到那四个船主向他疾步走过来，他们说他们一直在追赶黄文华，但拖着渔船，车速无论如何赶不上黄文华，他们告诉黄文华他们想要多了解一些搜鱼器的事情。

　　黄文华立刻拿出展示品，向他们做完简单介绍后，说还可以具体示范给他们看，于是黄文华带他们在附近找到一个插座，黄文华一边操作一边解释："比如在一百米深的地方有一条鱼，在船的右舷边四十米处也有一条鱼……"

　　十五分钟后，黄文华结束了自己的示范，这四个人此时已由听众变成了顾客，恨不得把这件演示样品马上买回去。黄文华告诉他们只要去任何一家大型零售店都能买得到，随即又提供给他们一份当地的经销商名单。四个人就满意地走了。

　　越强迫某人去做一件事，对方越可能抗拒不做；越不强迫他，他越可能有兴趣了解此事。黄文华在发广告宣传单时，并没有强调对方一定要在某个固定时间段去看，而是说："有时间就看看，不耽误时间的，是不是？"这让顾客觉得对面的这个人并没有要求一定要看他手里的东西，既然这样，看看也无妨。黄文华并没有强调他们一定要看，也没有长篇大论介绍这个产品到底有多么好，他并没有强求顾客，却得到了四个顾客的因缘。

5. 任何人都是独一无二的，做最好的自己

"因为缺憾，所以完美；因为失去，所以永恒。"世界上没有两片完全相同的树叶，任何人都是独一无二的，都有他的长项、他的可取之处。

一个男人去了一家婚姻介绍所。

然而令他奇怪的是，来到婚姻介绍所后没有见到一个人。

当他进了大门后，迎面又见两扇小门。

一扇写着"美丽的"，另一扇写着"不太美丽的"。

男人推开"美丽"的门，迎面又是两扇门。

一扇写着"年轻"的，另一扇写着"不太年轻"的。

男人推开"年轻"之门……

这样一路走下去，男人先后推开了9道门。

当他来到最后一道门时，门上写着一行字："您追求得过于完美了，到天上去找吧。"

世界上的万事万物，千千万万，但是你要是想找一个十全十美的却是很难的。

每一个事物都有自己的特色，比如花儿芬芳，草儿翠绿，树儿遮挡风寒。它们都是独一无二的存在，你不能全部拥有，只能采摘一个你最忠爱的。真正的完美是不存在的，完美只在理想中存在，不过分追求完美，才是最完美的人生！

柏拉图问老师苏格拉底什么是爱情。

苏格拉底叫他到麦田走一次。

要不回头地走，在途中要摘一根最大最好的麦穗，但只可以摘一次。

柏拉图充满信心地去了。

当他走进麦田后，他开始困惑了，到底哪个才是最大最好的麦穗？

最后他空手而回。

他说自己好不容易看见一株看似不错的，却不知是不是最大最好的，因为只可以摘一次，只好放弃。

再往前走时，发现这些麦穗还不如刚才看见的那根好。

走到了尽头，才发觉手上一根麦穗也没有。

这时，苏格拉底告诉他："这就是爱情！"

有一天，柏拉图又问老师苏格拉底什么是婚姻。

苏格拉底叫他到树林走一次。

要不回头地走，在途中要取一棵最好、枝叶最翠绿的树木，但只可以取一次。

柏拉图有了上回的教训，充满信心地出去。

半天之后，他一身疲惫地拖了一棵看起来有点直挺、翠绿的树木。

苏格拉底问他："这就是最好的树木吗？"

柏拉图回答老师："因为只可以取一棵，好不容易看见一棵看似不错的，又发现时间、体力已经快不够用了，只好拿回来了。"

这时，苏格拉底告诉他："这就是婚姻。"

又有一天，柏拉图问老师苏格拉底什么是外遇。

苏格拉底还是叫他到树林走一次。

可以来回走，在途中要取一支最好看的花。

柏拉图充满信心地出去，两个小时之后，他精神抖擞地带回了

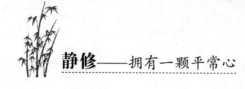

一支颜色艳丽但有些蔫掉的花。苏格拉底问他："这就是最好的花吗？"

柏拉图回答老师："我找了两个小时，发觉这是最盛开最美丽的花，但我采下带回来的路上，它就逐渐枯萎了。"

这时，苏格拉底告诉他："这就是外遇。"

又有一天，柏拉图又问老师苏格拉底什么是生活。

苏格拉底还是叫他到树林走一次。

可以来回走，在途中要取一支最好看的花。

柏拉图有了以前的教训，过了三天三夜，他也没有回来。

苏格拉底只好走进树林里去找他，最后发现柏拉图已在树林里安营扎寨。

苏格拉底问他："你找着最好看的花了吗？"

柏拉图指着边上的一朵花说："这就是最好看的花。"

苏格拉底问："为什么不把它带出去呢？"

柏拉图回答老师："我如果把它摘下来，它马上就会枯萎。即使我不摘它，它也迟早会枯。所以我就在它还盛开的时候，住在它边上。等它凋谢的时候，再找下一朵。这已经是我找着的第二朵最好看的花了。"

这时，苏格拉底告诉他："你已经懂得生活的真谛了。"

就像柏拉图一样，我们很多人在生活中都在寻找，有的人寻找知识，有的人寻找财富，有的人寻找地位，有的人寻找安乐，目的不同，带来的结果也不同。

我们要相信自己的价值，自己就是世界上独一无二的，我们一定会实现自己的愿望。在愿望实现的过程中，是需要方法的，也许第一次没成功，第二次还是失败，第三次也不尽如人意，到第四次终于找到方向，那就是胜利的果实。

6. 得失随缘，淡泊名利

自以为拥有财富的人，其实是被财富所拥有。人们日夜操劳，辛苦奔波，就是为了得到更多。在得到的同时也在失去，在失去的同时也在得到。

从前，城里有一位千金小姐，才貌双全。有一天，一位老妇人来到小姐家大门外求乞。

小姐见其年迈，步履艰难，顿起怜悯之心，于是对老妇人说："我出个对子，你若是能对下联，我养你至终老。"

老妇人听了高兴地说："好啊！好啊！"

小姐说："上联是'乞了吃，吃了乞；乞了吃，吃了乞；乞了吃，吃了乞'。"

老妇人听后，怎么也对不出下联。辞别小姐之后，一路走，一路不停地重复上联，希望能够突然开窍，对出下联。

不一会儿，她在路上遇到一位书生，书生见老妇人口中念念有词，不禁好奇地问老人："求乞为何要念这两句对子？"

老妇人把小姐要她对下联的事详细地告诉书生，书生听后笑着说："这是易事，下联是'富了施，施了富；富了施，施了富；富了施，施了富'。"

老妇人听后大喜，谢过了书生，回去将对子的下联告诉小姐，小姐依照诺言，养老婆婆于府中。而小姐与书生也因此配成佳偶，结为金玉良缘。

施舍救人，施舍之后，将会更加富有，然后再作进一步的施

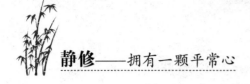

舍……如此循环不断。所以施财作福、救济贫困，是行善积德的良方，造福别人，也成全自己。

生活中，得到一些东西的同时，总要失去一些东西，有舍才有得。不要计较得失，有舍有得，让得失随缘吧，这样你才不会被世俗所羁绊。

抛弃不属于自己的东西，抛弃浮华和虚荣，欣然面对平凡的日子，心灵自然会放松，就会享受到生活的意义。不要因为不舍得放弃而失去更重要的东西。面对诸多不可为之事，勇于放弃，是明智的选择。这需要人们淡泊名利，不然就会被世俗所累，患得患失。

追逐名利是一种贪欲。有人说，人的一生有谁不是在追逐名利，努力地工作就是为了使自己的事业有所建树，可以说是求名；追求富裕的生活，可以说是逐利。其实对"名利"主要是一个度的问题，只要不过、不贪、不患，追逐一下也是一种积极的生活态度。而安于清贫的目的不是要贫困，而是要静心。

淡泊名利，是做人的崇高境界；淡泊名利，是人生的一种态度；淡泊名利，是要超脱世俗的困扰，真真实实地对待一切事物，豁达乐观地看待生活。

人要有一个正确的信仰。如果心中没有远大的理想，必然就会看重眼前的利益。要淡泊名利，需要的是追求理想，改变观念，不要为了满足欲望。在工作上要向上看，在生活上要向下看，这样才能更好地做到控制物质欲望。

有舍有得，得失随缘，不重名利，不计得失，以淡泊的心情活出尊贵的人生。

7. 丢弃抱怨，忘却苦恼

很多人在失意的时候，经常会发牢骚，无休止地抱怨。因为失意的自己不仅需求得不到满足，同时还会遇到诸多的麻烦和压力，这自然会造成内心的失衡，也会给自己带来痛苦，最终导致情绪萎靡。

在生活中，当我们心情不好时会找别人吐苦水，开始无休止地抱怨，为的是博得别人的同情，但是凡事都必须有个限度，反复重复自己的不幸，只会让人觉得你是个生活的"怨妇"，最终得到的只可能是看客悲剧心理的满足与茶余饭后的谈资，以及别人对你的厌烦，这样的结果就是让你感到越来越苦，直至无法承受。

自从丈夫去世之后，婷英的性格就变得怪异，心中时时充满愤怒，整天在朋友面前抱怨生活的不公。她内心憎恨孤独。孀居三年后，她的表情也变得生硬，几乎看不到一丝笑容。

有一天，婷英在路上走着，忽然就看到一幢她以前非常喜欢的房子的周围竖起了一道新的栅栏，那房子虽然很旧了，但是院子里面却打扫得干干净净，院子里种植着各种花草，显得很是安静。婷英注意到里面有一个系着围裙、身材瘦小、弓腰驼背的女人在拔着杂草，修剪鲜花。婷英不由得停下来，长久地凝视着栅栏里的一切，而后看到那弱小的女人正要试图开动一台割草机。

"喂，你家的栅栏，真是太美丽了！"婷英一边喊着，一边挥动着手。那个女人也蹒跚着站起身，看着婷英。她微笑着说："到门廊上坐一会儿吧！"

婷英同女人一同走上后门的台阶，那女人打开拉门，说："这些

年我都是独自一个人生活，经常会有许多人来我这里聊天，他们喜欢看到漂亮的东西。有些人看到这个栅栏后便会向我招手，几个像你这样的人甚至走进来坐在门廊上与我聊天。"

"但是前面这条路扩宽后，发生了如此大的变化，难道你内心不介意？"婷英问道。

"变化是生活中的一部分内容，也是铸造个性的因素。当不喜欢的事情发生在你身上时，你总要面临两个选择，要么痛苦愤怒，这样做的结果只是会让自己越来越痛苦，因为你不停地重复自身的痛苦，重复一次，就会让自己再痛一次。久而久之，伤痛就成为你生活中的一部分了。要么就振奋进步，用微笑与努力将痛苦掩埋，它就再也不会影响到你了。要知道，太阳每天都是新的，它从来不会因你而改变什么，既然如此，不如选择后一种……"

听到此话，婷英的内心深处就有一种新的感受，只是感觉到，由愤怒筑建起来的心灵的坚硬围墙轰然倒塌了……

是的，苦水只会越吐越多，你的抱怨每重复一次，内心就会痛苦一次。久而久之，你的内心就会变得抑郁起来，痛苦也最终会成为你生活中的一部分，成为你生命的一种习惯。为此，当我们遭遇不幸的事情的时候，一定要及时地敞开心扉，让阳光驱散内心的阴云，那么，黑暗便会与你绝缘，你将会获得无限的快乐和幸福。

8. 鱼和熊掌不可兼得

人之所以痛苦，在于内心的贪婪。生活中，很多人的痛苦就在于过分地关注自己的所失，而不顾及自己的所得，因为心灵失衡，故而

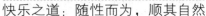

痛苦和烦恼就如影随形。

晓锋是某著名企业的高级管理人员，工作时间已有四年。但是最近他发现自己是越来越厌倦自己的工作了。因为他觉得自己再也承受不了巨大的工作责任与压力了，整天没完没了的电话就让他烦不胜烦。

上周六，晓锋好不容易抽出时间带家人出去旅游，本想趁这个机会好好地放松一下，结果还没登上飞机就接到了公司打来的两个电话。接下来的三天，他更是频繁地接到电话，那时他真想把手机砸了。就在第四天的时候，公司的一个紧急电话使他十天的旅游计划彻底泡汤了。无奈之下，他只好再携家人一起回去。

回到公司后，晓锋就找到自己的上司，神情沮丧地对领导说出自己的压力有多么大，心里有多么烦躁，并且恳请上司给他换一个轻松一点的职位，不然自己可能要崩溃了。领导也从他说话的口气中听出来他所背负的压力是巨大的，于是，没过多久就提拔他到办公室去做自己的业务助理。这个位置只是个闲差，平时没什么大事，只是整理一下客户资料，陪上司出去应酬什么的。其实说白了，就是明升暗降，但是晓锋却感到轻松了些，所以心中也是十分感激的。

总算可以清闲地安静下来休息一下了，刚开始晓锋对上司的这个安排十分满意。但是，这种清闲日子没持续几天，一个更为严重的问题又让他陷入了焦虑之中。现在公司重要的会议，他几乎没什么机会去参加；即便偶尔去了，也会被安排在一个十分不起眼的位置上，没有发言的资格。而在以前重要会议，他总是会被安排在前排发表讲话。这让晓锋有了一种莫名的失落感，心里顿时像放了块大石头般沉重。

办公室的工作尽管是清闲的，但时间长了，他却感觉越来越乏味，还总会觉得自己没面子，感觉其他的同事在背后会偷偷地议论

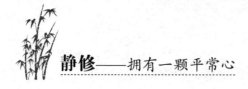

自己。以前的工作虽忙了些，但是有成就感，而现在整个人就像被废了一样，他感觉自己比以前更加焦虑和心烦了……

晓锋既想轻松，又想被重用，得了这个又想要那个，这就产生了矛盾，矛盾引发了焦虑。要知道，世界上是不存在十全十美的事情的。事物都是有两面性的，忙碌的背后必定是重用，清闲的背后必要被轻视。晓锋没有想到这一点，只是在忙碌的时候想到清闲，得到清闲后又想着被重用，因为没有及时舍弃其中之一，痛苦和烦躁自然就会越来越多。

生活中，很多人都有如晓锋这样的心态，既想得到"鱼"，又想得到"熊掌"，到最终，什么也得不到。试想，你想获得成功，但是又害怕经历磨难；你想获得清闲，就辞职在家，但是又会因为无所事事而失落；为了得到高薪，你又找到了一份好工作，但是你又感到压力太大、责任太重……你总是这样患得患失，如何能使自己的内心获得平静、获得快乐呢？

要知道，快乐与痛苦从来都不是孤立地存在的，祸和福永远都是相依相衬的，一件事的正面是快乐，背面就必然是痛苦，如果你想得到，就必然要付出一定的代价。认清了这一点，你就要时时刻刻多想想自己的所得，忘却自己的付出或所失，心中的不平衡也自然会消失。

"鱼，我所欲也，熊掌，亦我所欲也；二者不可得兼，舍鱼而取熊掌者也。"几千年前的孟子，就已做出了这样的阐述，这正是人们获得成功、获得快乐的最佳心灵读本。懂得果敢地放弃和义无反顾地选择，这是一种智慧。也只有这样的人，才会活得快乐，活得潇洒，获得心灵上的慰藉！

第 7 章 幸福之道：以慈悲之心施舍爱心

笑着面对，不去埋怨。悠然，随心，随性，随缘。注定让一生改变的，只在百年后，那一朵花开的时间。

为什么追求幸福的人多，得到幸福的人少呢？因为生活总是被金钱、感情、是是非非所纠缠。幸福需要在物质生活以外增加一些慈悲。懂得慈悲，便会幸福。

1. 要助人，要与人为善

我们去助人，不可以有分别心。不管他是谁，需要我们去帮助，与我们就有因缘，就要以助他为念，不可以区分对待。

有这样一个故事，一个人来到海边散步。他一边沿海边走着，一边注意到，在沙滩的浅水洼里，有许多被昨夜的暴风雨卷上岸来的小鱼。

它们被困在浅水洼里，回不了大海了，虽然近在咫尺。被困的小鱼也许有几百条，甚至几千条。用不了多久，浅水洼里的水就会被沙粒吸干，被太阳蒸干，这些小鱼都会干死的。

这个人继续朝前走，他忽然看见前面有一个小男孩，走得很慢，而且不停地在每一个水洼旁弯下腰去，捡起水洼里的小鱼，并且用力把它们扔回大海。这个人停下来，注视着这个小男孩，看他拯救着小鱼们的生命。

终于，这个人忍不住走过去，说："孩子，这水洼里有几百几千条小鱼，你救不过来的。"

"我知道。"小男孩头也不抬地回答。

"哦？你为什么还在扔？谁在乎呢？"

"这条小鱼在乎！"男孩一边回答，一边拾起一条鱼扔进大海，"这条在乎，这条也在乎！还有这一条、这一条、这一条……"

永远不要放弃！记住："这条小鱼在乎！这条小鱼在乎！还有这

一条、这一条、这一条……"

我们每一个人，活在世上，都应像小男孩一样学会拯救生命。虽然我们救不了全部受难的人，但是，我们还是可以救一些人，我们可以减轻他们的痛苦。如果我们可以让生活变得更美好，我们一定努力去做，每一个人都努力，所有的小鱼都可以救出。可以使他们的生活变得更加美好。这是你们能够并且一定会做得到的。

一位禅师走在漆黑的路上，因为路太黑，行人之间难免磕磕碰碰，禅师也被行人撞了好几下。他继续向前走，远远看见有人提着灯笼向他走过来，这时旁边有个路人说道："这个瞎子真奇怪，明明看不见，却每天晚上打着灯笼！"

禅师也觉得非常奇怪，等那个打灯笼的盲人走过来的时候，他便上前问道："你真的是盲人吗？"

那个人说："是的，我从生下来就没有见过一丝光亮。对我来说白天和黑夜是一样的，我甚至不知道灯光是什么样的！"

禅师更迷惑了，问道："既然这样，你为什么还要打灯笼呢？你甚至都不知道灯笼是什么样子、灯光给人的感觉是怎样的。"

盲人说："我听别人说，每到晚上，人们都变成了和我一样的盲人，因为夜晚没有灯光，所以我就在晚上打着灯笼出来。"

禅师非常震惊地感叹道："原来你所做的一切是为了别人！"

盲人沉思了一会儿，回答说："不是，我为的是我自己！"

禅师更迷惑了，问道："为什么呢？"

盲人答道："你刚才过来有没有被别人碰撞过？"

禅师说："有呀，就在刚才，我被两个人不留心碰到了。"

盲人说："我是盲人，什么也看不见，但我从来没有被人碰到过。因为我的灯笼既为别人照了亮，也让别人看到了我，这样他们就不会因为看不见而撞到我了。"

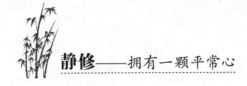

禅师顿悟，感叹道："我辛苦奔波就是为了找佛，其实佛就在我身边啊！"

盲人虽看不见，但是他也一样可以帮助别人，只因他有一颗布施之心。与人方便，与己方便。付出了，给予了，自己也会有快乐。如果只去索取，那将失去快乐。

"予人玫瑰，手有余香。"我们应该记住，帮助别人也就是帮助自己，助人是一件幸福的事情。要助人，要与人为善。助人是人生最大的快乐，因为它帮助我们净化心灵，升华人格。你帮助了他人，他人高兴，你也高兴。

2. 追求幸福的妙方，放下过去

如果你不给自己烦恼，别人也永远不可能给你烦恼。因为你自己的内心，你放不下。放下过去，才能追求幸福。

"如何向上，唯有放下。"过去的事情过去；提起来千斤重，不如放下，潇洒从容地度过今生。想要幸福，就得学会放下。

幸福在哪里？幸福不在远方，不在梦里，不在过去，而是在我们每一天的努力里，每一分钟的慈悲和期待里。和爱人在一起，你会幸福；和朋友在一起，你会幸福；和亲人在一起，你会幸福；在每一天的时光流逝里，感受着生命的能量。要想真正享受幸福，就要学会放下。只有放下，才能体会当下，才能专注未来。

有一个人两手拿了两个花瓶，来到佛陀面前，想把两瓶花奉献给佛陀。

佛陀见了，对他说："放下。"

那人以为佛陀叫他把花瓶放下，立刻把左手的花瓶放下。

佛陀又说："放下。"

那人以为佛陀要他把右手的那个花瓶也放下来，所以又把右手的花瓶放下。

佛陀还是对他说："放下！"

那人非常不解地问道："我已经两手空空，没有什么可以再放下的了。请问佛陀，现在我还应该放下什么？"

佛陀说："我让你放下，并不是叫你放下手里的东西。我要你放下的是你的六根、六尘和六识。当你把根、尘、识都放下时，你就再也没有什么负担，没有什么压力，你就可以从生死的桎梏中解脱出来了。"

那人抓了抓自己的脑袋，心想："我真愚昧啊！我到这里来就是为了这个'放下'，为了精神的解脱和思想的自由自在。"

他终于悟到了"放下"的真义——"放下"心中的一切贪欲、愤恨和妄想，自由自在地生活。

"放下，再放下"，是一个追求幸福的好方法。佛陀能够放下，他教人们也要学会放下。很多人烦恼、痛苦、失望，就是因为放不下，所以总不能感觉到什么才是幸福。

人生在世，会有很多苦难，放下是一种解脱、一种顿悟，是生活的智慧。从容地面对人生，学会放下，才能让自己更加轻松和快乐。

慧能禅师说："菩提本无树，明镜亦非台。本来无一物，何处惹尘埃！"这是一种出世的态度，主要意思是，世上本来就是空的，看世间万物无不是一个"空"字，心本来就是空的，任何事物从心而过，不留痕迹。能达到这样高的境界、能领略到这层境界的人，就是开悟了。当你紧握双手，里面什么都没有；当你松开双手，世界就在你手中。放过自己，才能追求新的幸福。

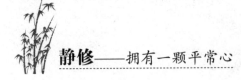

一个人养了一只猫，名字为"放下"，每到给它喂食的时候，他就会大声呼唤"放下""放下""放下"。

很多人听了都很奇怪，就问他为什么给猫起了这样的名字，他说："我其实不是在叫猫儿，而是在叫我自己，提醒我自己放下俗事呢！"

他说要想保持心灵的平静和超脱，就要放下那些外在的事务，一个人才能得到真正的幸福。是的，我们每天都被周遭的无聊事务缠身，那些蝇头小利，使我们没有多余的精力去做自己想做的事情。因为忙，不去想自己内心真正的需求，就这样，日子流过，而我们却离幸福越来越远。

"放下"，它提醒我们放下思想的包袱，把那些不快乐统统放下。可能是我们的气度太小了，这是我们生活不快乐的主要原因。我们往往只被眼前的事务所束缚，看不到远处。这使我们"放下"的决定下得如此艰难。试着暂时放下一些身外之物，让自己的心灵得到片刻的自由。

有些东西本来就是身外之物，如果我们每一天都把它们挂在心上，形成了许多的烦恼，就会无法自在地生活；如果我们有太多的牵挂，那会越来越累。有太多的放不下，太多的执着，我们就永远无法集中注意力做一件事情。如果一件事情都做不好，那其他的事情也很难完成。在追求幸福的过程中，更要懂得放下过去，因为过去已经一去不复返了，而人生还将继续。活在回忆里，将使你精神不振；活在当下，才能勇往直前。

3. 珍惜拥有的幸福，不要握得太紧

一花一世界，一草一天堂，一叶一如来，一沙一极乐，一方一净土，一笑一尘缘，一念一清静。心若无物就能参透这种境界，参透一花一草、一叶一沙、一方一笑一念，便是整个世界，整个世界即是如此。

什么是幸福，不同的人会有不同的答案。能和家人团聚是一种幸福，在冬日的午后晒太阳是一种幸福，和爱人依偎在窗前数星星也是一种幸福。

有个男子，平时经常抽烟。那天，有几个朋友来家里做客，男子一支又一支地抽起烟来。

她的妻子轻轻地打开了窗户，没有言语。

一个人悄悄问那妻子："你怎么不阻止他抽烟呢？抽烟有害身体呀。"那妻子笑了笑，说："对他来说，抽烟是快乐的。如果他能活八十岁，我宁愿他快乐地生活六十年，而不愿意他不快乐地多活二十年。"

后来，这话让那男子知道了，他便戒掉了烟。

朋友问他为何能这么容易地戒掉了烟，他说："我有这么好的老婆，我为什么要选择少活二十年呢？"

这就是爱，妻子希望丈夫能快乐地生活一辈子，男子因为有这样的好妻子而戒了烟。没有太多语言，他们的行动和内心的爱深深地感动着我们。真正相爱的人心有灵犀，真正相爱的人彼此疼惜，真正相爱的人牵挂对方。能在对的时间里遇到对的人，就非常不容易。

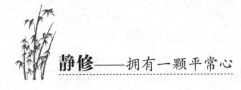

所以遇到了，要懂得珍惜，不要让幸福失之交臂。

爱人之间需要彼此的理解与尊重。如果仅有一方的付出，这个天平就会发生倾斜。总是一方付出，会使另一方不再感动，更不会以同样的爱来回报对方，这样就不会幸福。

一些人找到了幸福的归属，因为他们懂得经营、善于经营婚姻，所以收获了幸福。而不善于经营者，得到的只能是苦涩的青果。经营婚姻的精髓就是双方懂得互相珍惜。

爱需要用心浇灌。虽然生活的琐屑常常会令我们忽略自己的爱人，可是我们不要为自己找更多的理由来为自己辩解、开脱。

我们对待生活的态度可以令它枯燥，也可以令它生动有趣。爱就像一串珠子，断了一处，就会掉满一地。细心地呵护，珠子就会灿然发光。拥有幸福，也要懂得珍惜幸福。所以我们在感受幸福、珍惜幸福时，不要握得太紧，不要让幸福失去。

女儿就要出嫁了，母亲去寺庙烧香求签，见到一位禅师。

母亲向禅师请教道："禅师，我的女儿出嫁以后，应该怎样把握婚姻和爱情呢？"

禅师听了这位母亲的话，微微一笑，对她说："请施主从地上捧起一捧沙子。"

母亲从地上捧起了沙子。

禅师指着母亲手中的沙子问女孩："沙子的形状是怎样的？"

女孩看了一眼那捧沙子，答道："完完整整的，没有一点散落。"

禅师转身对母亲说："好，现在请施主双手握紧这把沙子。"

母亲按照禅师的吩咐用力将双手握紧，沙子立刻从母亲的指缝间滑落下来。待母亲再把手张开时，原来那捧沙子已所剩无几，其完完整整的形状早已被压得扁扁的。

女孩望着母亲手中的沙子，领悟地点点头。

好好珍惜，好好把握，不要握得太紧。爱情和婚姻都需要彼此的宽容和理解，越是想握紧，反而越容易失去。

握得太紧会适得其反，越是想抓住，越是抓不住，如此简单的道理，然而现实中，总是不停地有人感到迷惑。

那天，小强到自己的师父到家里做客，说："师父，听我爸爸说你能帮人解除烦恼。我现在非常痛苦，都想离婚了，你能帮助我吗？"

师父说："既然你这样相信我，我来问问你，你们离婚是因为你们其中一个有了外遇吗？"

"不是。"

"那是因为什么？"

小强说："她动不动就大吵大闹的，老是嫌弃我没有别人的老公能赚钱，我一听就烦。"

"哦，明白了。你听我讲个故事吧。"

很久以前，有一个富有的老人，他非常担心从小娇生惯养的儿子没有生存能力。他害怕自己庞大的财产反而会给儿子带来不幸，与其把财产留给孩子成为祸害，还不如尽早教会孩子如何奋斗。

老人诚恳地与儿子谈话，对儿子讲述了自己的愿望。他感动了儿子，于是，儿子决定出海去探险，寻找属于自己的天地。

儿子打造了一艘大船，出海探险。一路上，他经过险恶的风浪，路过无数的岛屿，最后在一个人迹罕至的小岛上发现一种树木。

这种树木高达十余米，数量奇少无比。砍下这种树的外皮，木心的部分就会散发出一种奇异的香气。最奇怪的是把它放在水中时，它不会像别的木头一样浮上水面，而是沉到底下。他心想，这真是个奇怪的宝贝！

他费了好大的劲，终于把奇香无比的树木带到市场上出售，希望卖个好价钱，但是事与愿违，市场上没有人认识这种木材，也没有人买。

这使他很失望，他看旁边有个卖木炭的小贩，每天早早地就能卖完木炭。他想这木头还没有木炭好卖，干脆我也把香树烧成木炭来卖好了。

第二天他便把香木烧成木炭，挑到市上。不到一天的工夫就全部卖完了。他为自己及时采取了他人的赚钱办法感到得意，回家后，向父亲描述了一番。

父亲听后很伤心。他告诉儿子烧成木炭的香木正是世界上最珍贵的树木"沉香"，只要切下一块磨成粉屑，其价值就会超过一车的木炭。

师父讲完了故事，小强都听得入了神。

小强说："我明白了，师父的意思是让我不要羡慕别人，要珍惜身边的。只有身边的才是最珍贵的，是吗？"

师父说："是这样，我们身边的东西往往是最珍贵的东西。我们在不断地得到一些东西，同时也在不断地失去一些东西。对于得到的东西，一定要学会珍惜，不要等到失去后再后悔。"

其实很多时候幸福就在我们周围，只是很多时候都被我们自己忽略了。当我们常常抱怨自己不幸福时，你有没有想过，是自己不懂得珍惜？

幸福像捧在手中的沙子，不能握得太紧，不然它就会散落；幸福也像一块水晶，你要小心翼翼呵护。因为它易碎，它只属于珍惜它的人，不属于不懂它的人。

香木烧成木炭，等于毁弃。学会珍惜，发现彼此的优点，赞美对方，不要指责。

当两个人有矛盾的时候，可以互相批评，但是一定要掌握方法，要坦诚相待。夫妻双方是平等的，很多事情也没有对错之分，不要争吵不休，伤了感情。记住，不要握得太紧，拥有了幸福，更要学会珍惜幸福。

 ## 4. 勤奋的人最幸福

如果你勤奋，你的事业就会精进，你的身体就会健康，你的家庭就会幸福。没有人只靠天性获得幸福的生活。佛祖给予了人的天性，勤奋将天性变为天才，获得幸福。一分劳动，一分收获，日积月累，积少成多，幸福就会降临。

勤奋是我们前进的"进行曲"。一个人无论他有多好的天赋、多么高的智商、多么优越的条件，如果他不勤奋努力，就很难走向成功；任何宝典，即使我们手中的羊皮卷，如果不勤奋地去研究，永远也不可能创造财富。勤奋像食物和水一样，能滋润我们。

我们往往只看到了成功者头上的光环，却忽略了他们在成功道路上的勤奋努力。没有付出是不会有回报的，我们不要忌妒任何人的成就，因为我们没有看到他们背后的艰辛。

我们要勤奋努力，不要把今天的事情留给明天。现在就要付出行动，即使我们得到的只是微不足道的回报，但我们的内心也是快乐的、充实的。无论什么时候，都要牢记勤奋，并时时刻刻地提醒自己。

我们会面临很多机遇，但同时也面临着很多挑战。机遇只会留给有充分准备的人，这就要求我们永远不能放松自己，一定要勤奋努力，从点滴做起。这样成功才青睐我们，幸福才会陪伴在我们的身边。

从前有一个人非常穷，经常抱怨上天不公，为什么别人都有财富，而自己却一贫如洗。终于一天，他想出了一个办法，他想与其每天辛苦工作，不如向神灵祈祷，请他赐给自己财富，供自己今生享受。

于是把弟弟叫来，把自己的活计交给他，吩咐他到田里干活，别让家人受冻挨饿。

安排妥当后，他就独自来到天神庙，为天神摆设大斋，供养香花，毕恭毕敬地祈祷："神啊！请您赐给我现实的财宝吧！"

天神听见这个人的愿望，内心暗自思忖："这个懒惰的家伙，自己不工作，却想谋求巨大财富。即使他在前世曾做布施，累积功德，也没有用的。不妨用些方法，让他死了这条心吧。"

于是，天神就化作他的弟弟，也来到天神庙，跟他一样祈祷求福。

哥哥看见了，不禁问他："你来这儿干吗？我吩咐你去播种，你种了吗？"

弟弟说："我也跟你一样，来向天神求财求宝，天神一定会让我衣食无忧的。即使我不努力播种，我想天神也会让麦子在田里自然生长，实现我的愿望。"

哥哥一听弟弟的话，立即骂道："你这个混账东西，不在田里播种，想等着收获，实在是异想天开。"

弟弟听见哥哥骂他，却故意问："你说什么？再说一遍听听。"

"我就再说给你听，不播种，哪能得到果实呢！你太傻了！"

天神突然现出原形，对他说："诚如你自己所说，不播种就没有果实。过去不播善因的种子，今天哪会有什么善果？若不行善而想得福，那是根本办不到的！"

哥哥感到很惭愧。

"一分耕耘，一分收获"，播撒种子就如同耕耘，只有播种了，才会有收获。当你不勤奋的时候，天神也帮助不了你什么，凡事必须付出才有收获。

此人因为贫穷，感到不幸福，他来祈求天神，天神也不肯助他一臂之力。天神认为他懒惰，希望他依靠勤奋致富。种瓜得瓜，种豆得豆，想得到财富，要学会努力拼博，辛勤工作。

曾经有一个乞丐，来到寺院，向方丈乞讨。方丈看见他只有一只手。

方丈指着门前一堆砖对乞丐说："你帮我把这些砖搬到后院去吧。"

乞丐说："我只有一只手，怎么搬呢？不愿给就不给，何必捉弄人呢？"

方丈什么话也没说，用一只手搬起一块砖，说道："这样的事一只手也能做的！"

乞丐只好用一只手搬起砖来。他整整搬了两个小时，才把砖搬完。

方丈递给乞丐一些银子，乞丐伸手接过钱，很感激地说："谢谢你！"

方丈说："不用谢我，这是你自己赚到的钱。"

乞丐说："我不会忘记你的。"说完深深地鞠了一躬，就上路了。

过了很多天，又有一个乞丐来到了寺院。

方丈把他带到屋后，指着那堆砖对他说："把这些砖搬到屋前吧。"但是这个双手健全的乞丐却鄙夷地走开了。

弟子不解地问方丈："上次您叫乞丐把砖从屋前搬到屋后，这次您又叫乞丐把砖从屋后搬到屋前，您到底想把砖放在屋后还是屋前？"

方丈对弟子说："砖放在屋前和放在屋后都一样，可搬不搬对乞丐来说就不一样了。"

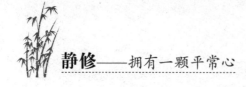

若干年后，那个用一只手搬砖的乞丐靠自己的拼搏，终于取得了成功，成了一个非常体面、气度不凡的人。而双手健全的乞丐却还是乞丐。

要想拥有幸福，勤奋是必不可少的因素。幸福是什么？幸福就是靠自己的努力创造出来。我们可以靠自己的手脚劳动，也可以靠头脑劳动。无论先天条件如何，只要你肯努力，就可以收获属于自己的那份果实。可偏偏很多人就是不爱劳动，喜欢享受。你去问他们幸福是什么，他们多半一脸茫然。日子就这样一天天过去，只有喜欢奋斗的人、勇攀高峰的人，才是最幸福的。

勤奋的反面就是懒惰。其实懒惰也是人的一个本性，有了懒惰才会反衬出勤奋。勤奋的人会常常告诉自己不要懒惰。不要因为一件事情不好做，就让自己懒惰。可以先做一些难度很小的事、自己喜欢的事，但是不要什么都不做，那样就会变懒。学会肯定自己，把不足变为勤奋的动力。当自己取得满意的结果时，就是最幸福的时刻。无论如何，都要勤奋，克服懒惰。只要有决心，在实际的生活中持之以恒，那么，我们将用勤奋的双手迎来灿烂的明天。

5. 分享是一种幸福

分享快乐，分享将使你更幸福、更智慧、更富有。懂得分享、善于分享，是一种胸怀。能够分享、善于分享，是一种境界、一种幸福。

无论什么，你都可以与人分享，你的快乐、你的悲伤、你的知识、你的财富、你的骄傲、你的倔强，与你的朋友、你的爱人、你的家人。让别人发现你眼中的精彩，发现你的幸福，你自己也会幸福。

李煜叹道："雕栏玉砌应犹在，只是朱颜改。"漫漫人生路不要一个人走，分享你的生活和你自己的一切，这样会给你带来许多真心的朋友。快乐和痛苦都要有人分享。一份快乐分享后，就会增加一倍的快乐；一份痛苦分享后，就会减少一半的痛苦。没有分享的人生，将是寂寞的。

有一位禅师，在寺院里种了一些菊花，菊香一直飘到了山下的村庄里。

来寺院的人都不禁赞叹道："好香的花儿啊！"

有一个人向禅师要几棵花种在自家院子里，禅师答应了。他亲自动手挑选开得鲜艳、枝叶最粗的几棵，送给那人。

消息很快传开了，前来要花的人接连不断。不多日，院里的菊花就被送得一干二净。

弟子们看到满院的凄凉，说道："真可惜！这里本应该是满院花香的，现在一棵菊花也没有了。"

禅师笑着对弟子说："你想想，这样岂不是更好？三年后一村子菊香！"

"一村菊香！"弟子们不由得由衷称赞。

禅师很慷慨，他送出一院子的菊花，收获了一村子的菊香。这就是分享的智慧。当我们把美好的事与别人分享时，每一个人都能感受到这种幸福，这种幸福就会一直传递下去，直到它又感染到我们自己。

一个人不能总想着自己，应该把美好的东西拿出来与别人分享，那样你才会体会到其实与别人分享幸福比自己占有幸福更幸福！

有位禅师想选一个传人，他分别给了他的三个弟子每人十文钱，让他们用十文钱买来的东西去装满一个大的房间。

第一位弟子反复思考了很久之后，心想："什么才是市场上体积

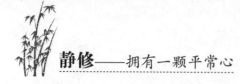

最大、价钱最低的东西呢?"最后他跑到市场上,买了很多棉花。但是买回来之后,只将房间装了一半。

第二位弟子与第一位弟子的思路非常相近,他也到市场上寻找体积最大、价钱最便宜的货物。最终他挑选了最便宜的稻草,但是十文钱也只能将房间填满三分之二。

到最后一位弟子,前两位弟子都等着看他的答案。只见他手上什么东西也没有拿就回来了。前两位弟子赶到非常奇怪。最后这位弟子请禅师和另外两位弟子走进房间,然后将窗户和房门紧紧地关上。整个房间顿时伸手不见五指,漆黑一片了。

这个时候,这位弟子从怀里取出他仅花了一文钱买的火柴和蜡烛。他用火柴点燃了蜡烛,顿时漆黑的房间里一片昏黄的光芒。这片光芒虽然微弱,但是将房间的每一个角落都照到了。他成功地仅用了一文钱填满了整个房间,成为禅师的传人。

正如蜡烛的光亮可以填满整个房间一样,很多东西也许并不多么贵重,却是珍贵的。幸福是什么?就是那一抹光亮,照亮人的一切。"予人玫瑰,手有余香。"记得多付出,与他人同享,那么他人也会与你分享。

如果你有十个鸡蛋,留下一个,另外九个分给需要的人,也许你与别人分享的时候,并没希望别人能还给你什么,但你一定要给。因为别人分享了你的鸡蛋,当他有了大米,他会记得你给过他一个鸡蛋,一定会给你的。虽然你少了几个鸡蛋,但是你又得到了大米或是别的财富,这也正是你所需要的。事实上你得到的远比之前拥有的多。

世间的贪嗔痴慢疑等这些烦恼,都来自我执我爱、自私自利。所以佛法要求真心地为一切众生服务,这样能断除我执我爱和自私自利。全心全意帮助他人,放下私心,放下私事,学会分享,幸福也会随之而来。

6. 意气平，不生气

人生在世，不如意之事十之八九，所以人要学着调整心态，特别是不要生气。生气是种酷刑，将损害你的健康，侵蚀你的心灵。

我们很难找到一个从来不生气的人，很多人为了一点小事就会生气，这是非常不值得的。生气又有什么用呢？无非是自己跟自己过不去。莫生气，一切随它去吧。

很多时候，我们为之生气的事情，换一个角度思考，其实根本就不值得生气。

日照禅师经常周游名山大川。他喜爱山间道旁的花草树木，许多奇花异树他都认识。

一天，日照禅师正在山中，坐在一块大石头上休息，身边的两个侍者却为一棵大树起了争执。

甲说："这叫香樟，有三十年了吧！长得很快。"

乙说："不是！这叫牛樟。"

甲又说："这个香味，一闻就知道是香樟。"

乙则说："牛樟也有香味啊！"

就这样，两个侍者你一言我一句，互不相让，争得面红耳赤。

争论不下之时，甲掉过头来，询问日照禅师："老师，您说，这棵树是香樟吧！"

日照禅师说："我耳朵聋了，听不到你讲话。"

乙也问："我们山上有许多牛樟，不都是您种的吗？"

日照禅师答："我眼睛瞎了，等看得到的时候再告诉你吧！"

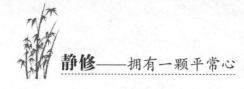

侍者觉得自讨没趣，不解一向耳聪目明的老师怎么会忽然说他耳聋眼瞎了呢?

二人正面面相觑，日照禅师又喃喃地说了一句:"一切随它去吧!"

两名侍者为了名称的不同争论不已，本来，香樟也好，牛樟也好，树都有个名字，但是一计较、一争执，这棵本来很平静的树就不免暗暗叫苦——为了它，世间有了纠纷。

其实，世间万物本没有那么多争执，各有各的世界，但是由于人的固执，不肯让步，非要争个高下，世界便不能再得到安宁。争执只会让世界不太平，不如跟随日照禅师的一句话:"一切随它去吧!"

从前，有一个妇人经常为一些琐碎的小事生气，经常寝食难安。几经周折，她找到一位高僧，希望能得到指点。

她向高僧求教，高僧听了她的讲述，一言不发，把她领到一间禅房中，上锁而去。

妇人气得跳脚大骂。骂了许久，高僧也不理会。妇人转而开始哀求，高僧仍置若罔闻。妇人终于沉默了。

高僧来到门外，问她:"你还生气吗?"

妇人说:"我只为我自己生气。我怎么会到这个地方来受罪?"

"连自己都不能原谅的人，怎么能心如止水?"高僧拂袖而去。

第二次，高僧又问她:"还生气吗?"

"不生气了。"妇人说。

"为什么?"

"生气也没有办法呀!"

"你的气并未消逝，还压在心里，爆发后，将会更加剧烈。"高僧又离开了。

高僧第三次来到门前，妇人告诉他:"我不生气了，因为不值得生气。"

"还知道值不值得，可见心中还有衡量的标准，还是有'气根'。"高僧笑道。

当高僧的身影迎着夕阳立在门外时，妇人问他："大师，什么是气？"高僧将手中的茶水倾洒到地上。

妇人看到，有所感悟，于是，叩谢而去。

不要为别人气，不要为自己气，不要有怨气，也不要有气根，这就是高僧要告诉那个爱生气的妇人的。生气是在用别人的过错来惩罚自己。莫生气，因为生气伤身又伤神。

当有情绪的时候，要学会控制自己，莫让过分的言语和行为误事、伤人。

要想改变自己的坏脾气，其实也没那么难。我们认为脾气是天性，其实是可以改变的。

一个信徒来到禅师面前，说："我天生性情暴躁，请问要怎么做才能改掉这个臭脾气？"

禅师听了以后，对信徒说："你把这天生暴躁的性情拿出来，我帮你改掉。"

信徒回答说："不行啊！我现在没有。但是，一碰到某些事情的时候，那'天生'的暴躁性情就会跑出来。然后，我就会控制不住发脾气。"

于是，禅师说："这个情形倒是很奇妙的。如果现在没有，只是在某些情况下，你才会脾气暴躁，可见这并不是天生的，而是你和别人争执时，自己造就的。现在你却把它说成是天生，把过错推给上天、推给父母，未免太不公平。"

经过禅师的一番开示，信徒终于会过意来，从此努力改变暴躁的性格，再也不轻易发脾气了，变成了一个心平气和的人。

脾气暴躁不是天生就有的，而是后天自己不注意克制而导致的。

每个人都会面对让人生气的事，有的人能够泰然处之，为什么有的人却要暴跳如雷呢？是因为他们太在意，他们看不开。看开点，其实没有什么事情是非生气不可的。在我们身旁的都是亲人，即使路人，他们也有亲人，我们都生活在同一个土地上，学着宽容对方。

修行会聚集正念的能量，正念并非来自身外，而是你的内心。正念可以帮助我们活在当下。举办个"茶禅"的活动，让朋友们练习"活在当下"，真正地享受一杯茶与彼此的存在。茶禅就是一种修行，它能帮助我们获得解脱。

如果你被生气、担忧、害怕、焦虑、愤怒这些不良情绪所困扰，你就不是自由的人。培养正念可以帮助我们获得自由。

这不是要花很长时间训练自己的苦差事，一小时的练习就可以让你更有觉照力。例如喝茶时，可以训练自己成为一个自由的人；做早餐时，也可以训练自己成为自由的人。每天的每一刻，都是训练自己聚集正念能量的好机会。

正念的能量使你的身心合一，练习保持正念是如此重要，它会让人意气平，不生气。有了正念，就能清楚觉察到当下的所有事物。当你告诉你的爱人"亲爱的！我知道你在这里，我很高兴你在这里"时，这表示你活在当下，而且所爱的人就在你身边。你是个很自由的人，拥有正念，有能力珍惜与感谢在当下所发生的一切。

当你深情地看着所爱的人，跟他（她）说"亲爱的！你能在这里真好，我真高兴你能站在我面前"时，不但你很高兴，对方也欢喜，你们彼此都很幸福。

愤怒生起时，要照顾内心的愤怒。当我们生气时，我们会倾向相信愤怒是由别人引起的，但是如果再仔细想想，会发现造成痛苦的其实是自己内心那颗愤怒的种子。只有当我们观察到这些并且去理解他人时，我们才会产生悲悯和爱的情感。当你真正了解别人所受的痛苦时，你就会想帮助他，这样才能给自己和他人带来幸福。

7. 心态决定人的命运

　　每个人都希望自己好命。很多人也会算命，求神问卦，其实命的好坏决定于自己的心念，心念不同，产生的行为不同，别人也没办法帮我们改变命运，要靠自己。这如我们平时所说的什么样的心念决定什么样的命运。不要自卑，神创造世界时就赋予每个人不同的力量，世界万物，各有千秋。认清自己的长处，这就是你的财富。

　　曾经一位武士去拜访一位禅师，武士有些自卑。

　　武士说："我为什么有时感到低人一等？我多次击败敌人，然而，我一见到您的境界，就会觉得我的生命已经完全没意义可言了。"

　　禅师说："你等等，等我接待完今天来见我的那些人之后，再来回答你。"

　　武士整整一天都坐在寺庙花园里，看着人们进进出出。他看着禅师以同样的耐心、同样的微笑接待每一个人。

　　黄昏时分，所有的人都走了，武士问道："现在你可以指教我吗？"

　　禅师带武士到自己的房间。满月在天空中闪亮，四周环境非常宁静。

　　"你看月亮，很美，是吗？它将穿越整个苍穹，而明天太阳将会再次普照大地。但是，阳光要明亮得多，而且可以让我们看清身边的树木、高山、云彩等万物。我对它们已经观察多年，却从未听到月亮说：'为什么我不能像太阳那么亮呢？是我没有太阳好吗？'"

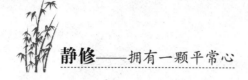

"当然不是。"武士回答,"月亮和太阳各有各的美。你不能拿它们两个来做比较。"

"这么说,你知道答案了。我们是两个不同的人,各以自己的方式为所信仰的事情奋斗,以便让世界变得更加美好,其余的都只是表象而已。"

武士听完,顿然开悟。

心念若不改,其他的再怎么改,也改不了命运。我们要学会以不同的方式、不同的角度看待世界,看待自己,看待别人。

人生不能改,但人生观可以改。心念改变态度,态度改变习惯,习惯改变一生,一生改变命运。

一个爱抱怨的人,将养成唉声叹气、怨天尤人的个性,以致他的遭遇充满乖戾与颓丧。

一个爱挑剔、爱看别人缺点的人,容易形成负面情绪,易成为一个不懂得包容与善解的人。

一个爱说是非的人,经常谈长论短的心态,搬弄是非也成为生活中的习惯,久而久之,让生活充满矛盾,不仅自己的生活得不到安宁,别人的生活也被打扰。

生命过程中,心念时时刻刻与我们相伴。"凡夫被命运操纵,而智者却操纵命运。"心开意解福就来。

"人要运命,不要命运。"扭转命运的贵人不在远方,就在于自己。

正视自己的弱点,淡化对自己的期望。我们还要正视自己,不要勉强自己去承受根本实现不了的期待,更多并不意味着更好。我们的心灵需要环保,知足、感恩、惜缘、包容、担当、慷慨。

我们要心存感激,要向他人表达感激。这样,我们就会得到佛祖的保佑,事情会越来越顺心,事业会越来越成功,家庭会越来越和睦,人与人之间会越来越和谐。

第8章 | 永恒之道：把握眼前，活在当下

你希望掌握永恒，那你必须控制现在。在平常的生活里，要有所作为，必须有恒心和毅力。人总要有一点端正身心的修持，而且要能持之以恒，要立长志，不要常立志，并且要日常化，所谓平常心是道。这样才能活在当下，充实人生。

1. 活在当下，抓住永恒

生命中最重要的时刻，不是过去，也不是未来，而是当下。我们能感受到的是当下的时光，我们能抓住的是当下的点滴。我们要认真地活在当下，抓住了当下，也就是抓住了永恒。

从前，有一个非常漂亮的女人，到一个哲学家面前对他说："我非常欣赏你的才华，我很想嫁给你，娶了我，你将是世界上最幸福的人。如果你不娶我的话，再没有一个会像我这么爱你的人了。"

哲学家对姑娘说："让我考虑一下吧！"

从此，哲学家用他的哲学思维方式来衡量结婚还是不结婚，后来发现结婚和不结婚的利弊相等。

几年后，他决定尝试一下没有走过的路。

他找到了女孩家，推开了门，看见女孩的父亲坐在屋子里。他忐忑不安地对女孩的父亲说："我想好了，我要娶你的女儿。"

女孩的父亲看看眼前的哲学家说："你已经来晚了，她现在是三个孩子的母亲了。"

哲学家听后抑郁而死，死前他烧毁了生前所有的著作，最后只留下了两句话："前半生不要犹豫，后半生不要后悔！"

有些人就是因为犹豫而失去了很多机会，包括情感、事业等诸多方面。

我们错过了一些生命中很重要的人和事。只因我们太犹豫，没有抓住机会，所以生活中才有那么多的遗憾和不堪回首。如果你现在想做什么事，那就赶紧去做吧，可能明天你又要忙别的事去了。

什么是"当下"呢？简单地说，当下就是我们眼前的人、身边的事、此刻的心情，当你把所有的爱和智慧都融入当下的生活，真真实实地感受生命的存在时。

什么是享受我们所拥有的每一个当下呢？

有个旅行者在沙漠里行走，忽然后面出现了一群饿狼。他大吃一惊，拼命狂奔。当饿狼就要追上他时，他看到前面有一口不知多深的井，不顾一切地跳了下去。

谁料那口井不但没有水，还有很多毒蛇，见到有食物送上门来，昂首吐舌。他大惊失色下，胡乱伸手想去抓到点什么可以救命的东西，终于给他抓到了一棵在井中横伸出来的小树，把他稳在半空处。

于是乎上有饿狼，下有毒蛇，不过他虽陷身在进退两难的绝境，但暂时还是安全的。就在他松一口气的时候，奇怪的异响传入他的耳内。他骇然循声望去，魂飞魄散地发觉有一群大老鼠正以尖利的牙齿咬着树根。

就在这生死一瞬的时刻，他看到了眼前树枝上有一滴蜜糖，于是他忘记了上面的饿狼、下面的毒蛇，也忘掉了快要给老鼠咬断的小树，闭上眼睛，伸出舌头，全心全意去品尝那滴蜜糖。

我们常常会像这个旅行者一样处于困境甚至绝境中。我们的办法就是解决每一个现在可以解决的问题，争取获得每一个我们现在可以获得的机会。只在活在当下，才能抓住永恒。

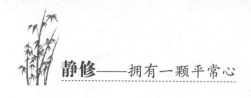

2. 把心放轻，活在当下

曾有人说："生命是一个括号，左边出生，右边死亡，那么我们一生要做的事情就是填括号。"未来的一切取决于我们如何活在当下这一刻，全心全意地过好当下的每一分、每一秒。

在这个世界上，平常心是道。把心放平，活在当下，有一个好的心境，才能看到风中的鲜花，花的芬芳才会充满你的心；才能看到夜晚的明月，月儿才会把你的心照亮。

那天，在上班的路上，李华挤在密密麻麻的车阵中，眼看着时间一分一秒过去，车子却缓慢地向市中心前进时，他满腔怨气地想："为什么有那么多的笨蛋司机也能拿到驾驶执照？

"他们开车不是太快就是太慢，根本没几个在高峰时间会开车，这些人的驾驶执照都该吊销。"

这时他的车和一辆大型卡车同时到达一个交叉路口，他心想："这家伙开的是大车，他一定会直冲过去。"但就在这时，卡车司机将头伸出车窗外，向他招招手，给他一个开朗、愉快的微笑。

当李华将车子驶离交叉路口时，心中的愤怒突然完全消失，心胸豁然开朗起来。

世界依旧，所不同的只是他的心态。要活得快乐，就必须先改变自己的心态。李华因为堵车使自己心情非常糟糕，直到他遇到了那位卡车司机，其实路况并没有改变，但李华的心情却立刻舒畅起来。卡车司机谦让、乐观的心态感染了他。

这样的小插曲我们在生活中经常会遇到。心情虽然受环境的影

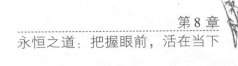

响，但是自己也是可以控制的。多给别人阳光，别人也会回报你。一个个传递下去，世界上处处充满爱、充满阳光，是多么美好。

我们只是平凡的人，宇宙间的一粒尘，我们在历史长河中只是一瞬，历史在继续，人生在远离，把自己看轻一些，其实我们的所有欲望没那么重要。保持一颗平常心，不要有那么多奢望，放下心里的包袱，做一个简单的人，会轻松得多，快乐得多，像一泓平静的水，像一朵自在的云朵。

从前，有一位商人，他被一个问题困扰："人的生命中最重要的是什么？"

有人告诉他，在一座很远的山里有一位禅师，他可以回答出世上任何一个问题。于是，商人就马上出发，亲自去找那位禅师了。

有钱的商人最终找到了禅师，商人把自己装扮成一个农民，来到禅师住的小屋前，只见他正坐在地上挖着什么。

商人就问了："听说您是个很有名的禅师，能回答所有问题。那你能告诉我，人的生命中最重要的是什么？"

"帮我挖点土豆，"禅师说，"把它们拿到河边洗干净。我烧些水，你可以和我一起喝一点汤。"

商人以为这是有意为难自己、考验自己的，于是就照他说的做了。

接下来，他与禅师一起待了几天，他一直希望他的问题能得到解答，但是禅师却一直没回答。

最后，商人急了，就说："我问你的问题你还没有回答呢？"

禅师说："你第一天问我的时候，我就告诉你答案了，只是你自己没明白而已。"

禅师接着说："你来找我的时候我向你表示欢迎，和你一起分享食物，让你住在我家里。"然后他看商人很纳闷，就继续说，"一个人生命中最重要的就是要活在当下，现在就是最重要的时刻，而现在和你待在一起的人就是最重要的人。"富人听了，恍然大悟。

由此可见，只有活在当下，才是真的生活，才能享有生活中的各种乐趣。

怀念过去不如憧憬未来，憧憬未来不如活在当下。未来能给我们希望和动力，但总是憧憬未来会使我们成为空想家，也会使我们对当前视而不见，那样会错失今天。只有今天才是最有效的，是可以送我们到对岸的船票。所以无论是在什么地方，最重要的还是当下，还是现在，只有把现在过好了，我们才能真正地实现未来。

不管你在哪儿、什么时间，都要认真对待今天。认真做好今天的事情，让自己拥有今天的心情，那么美好的明天就在不远处等待着我们。把心放轻，命运就掌握在当下。任何时间，任何地方，都要好好过好每一天，好好珍惜现在的每一刻、每一人。

3. 要掌握永恒，必须控制现在

"你希望掌握永恒，那你必须控制现在。"永恒是由每一个当下所构成的，如果你不能把握现在，那么就一定掌控不了永恒。所以活在当下，把握生命的每分每秒，享受生命的每时每刻，才能获得更为厚重的生命。

生命是一次单程旅行，每一个"当下"组成了生命的真实意义，我们无须为过去的东西而悲伤、懊悔，也无须为得不到的东西而遗憾，只需珍惜每个"当下"，便能获得永恒。

有个小和尚，每天早上负责清扫寺院里的落叶。

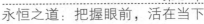

对于这个小和尚来说，每天早起扫落叶实在是一件苦差事。尤其在秋冬之际，每一次起风时，树叶总随风飞舞。每天早上都需要花费许多时间才能清扫完树叶，这让小和尚感到十分头疼，于是他一直想要找个好办法让自己轻松些。

后来他去请教身边的师兄弟，结果终于有个和尚跟他说："你在明天扫地之前，先用力摇树，把落叶统统给摇下来，后天就可以不用扫落叶了。"

小和尚听了之后非常高兴，认为这是个好办法，于是第二天，他起了个大早，使劲地摇树，这样他就可以把今天跟明天的落叶一次扫干净了，一整天小和尚都非常地开心。

第二天，小和尚到院子里一看，不禁傻眼了，因为院子里如往日一样满地落叶。

这时候一个老和尚走了过来，对小和尚说："傻孩子，无论你今天怎么用力，明天的落叶还是会飘下来。"

小和尚终于明白了，世上有很多事是无法提前的，唯有认真地活在当下，才能感受到最为真实的人生。

库里希坡斯曾说过一句名言："过去与未来并不是'存在'的东西，而是'存在过'和'可能存在'的东西。唯一'存在'的是现在。"如果我们总为了明天而烦恼，就会在无形中给心理施加压力，让自己觉得活着步履艰难，人生既辛苦又乏味。话虽如此，可依然有很多人会像小和尚一样，把大量的时间花费在消沉和抱怨之中，妄想着人生会与真实有所不同。他们忘了，今天有今天的事情，明天有明天的烦恼，很多事无法提前完成，过早地为将来担忧，将会于事无补。

幸福也一样，只有活在当下，才能够享受到真正的幸福，这其实是告诉我们，不要为已经失去的而懊悔，也不要为得不到的东西而遗憾，只有珍惜当下所拥有的才是最为重要的。

很久以前，有一座寺庙叫圆音寺，每天都有许多人上香拜佛，香火非常旺。

在寺庙前的横梁上，有一只蜘蛛结了张网，蜘蛛躺在这里，经年累月，也受到了佛性的熏陶，久而久之也拥有了佛性。经过了一千多年的修炼，这只蜘蛛的佛性与日俱增。

有一天，佛祖来到了圆音寺，看到了横梁上的蜘蛛，于是就问它："今天咱们相遇也是一种缘分，那我现在就来问你一个问题，看你修炼了一千多年，究竟有没有什么真知灼见。"

蜘蛛见到了佛祖，感到非常高兴，连忙让佛祖问自己问题。

佛祖说："世间最珍贵的是什么？"

蜘蛛想了想，回答道："是得不到的和已经失去的。"

佛祖轻轻地摇了摇头，接着就飘然而去。

很快又过了一千年，蜘蛛依然在横梁上修炼，佛性更是大增。

这日，佛祖又来到了寺院，对蜘蛛说："一千年前，我问了你一个问题，现在你有新的认识吗？"

蜘蛛依然回答道："我还是认为世间最珍贵的是得不到的和已经失去的。"

佛祖说："你继续修炼吧，我还会来找你的。"

转眼又过了一千年。

有一天，刮起了一场大风，将一滴甘露吹到了蜘蛛网上。

蜘蛛望着甘露，见它晶莹透亮，十分漂亮，顿生喜爱之意，连续几天都看着它，感到非常开心，它甚至觉得这是三千年来最开心的几天。

有一天，突然又刮起了一阵大风，将甘露吹走了。蜘蛛一下子觉得失去了什么，感到很寂寞和难过。

146

这时候，恰好佛祖又来了，依然是那个老问题，问蜘蛛道："这一千年，你可好好想过世间什么才是最珍贵的？"

蜘蛛想到了甘露，但是对佛祖的回答依然如昨："世间最珍贵的是'得不到'和'已失去'。"

佛祖说："好，既然你有这样的认识，就让我带你到人间走一趟。"

于是佛祖让蜘蛛投胎到了一个官宦家庭，变成了一个富家千金小姐，父母为她取了个名字叫蛛儿。一晃儿，蛛儿就到了十六岁了，已经成了个婀娜多姿的少女，真可谓沉鱼落雁之容、闭月羞花之貌。

这一日，新科状元郎甘鹿中举，皇帝为了嘉奖他，决定在御花园为他举行庆功宴席。并且招来了许多妙龄少女，其中就包括蛛儿，还有皇帝的小公主长风公主。

状元郎在席间大献才艺，当场写诗填词，吟歌作赋，在场的少女无一不为他所倾倒，但蛛儿一点也不紧张和吃醋，因为她知道这是佛祖赐予她的姻缘。

过了些日子，蛛儿陪同母亲去寺院上香拜佛，正好甘鹿也陪同母亲而来。上完香，拜过佛，二位长者在一边说上了话。蛛儿和甘鹿便来到走廊上聊天，蛛儿很开心，但是甘鹿并没有表现出对她的喜爱。

蛛儿就着急地对甘鹿说："你难道不曾记得十六年前，圆音寺的蜘蛛网上的事情了吗？"甘鹿很诧异地回答道："蛛儿姑娘，你漂亮，也很讨人喜欢，但你想象力未免丰富了一点吧。"说完就和母亲离开了。

蛛儿回到家里，心想佛祖既然安排了这场姻缘，为何不让他记得那件事？甘鹿为何对自己没有一点感觉？

几天之后，皇帝下诏，命新科状元甘鹿和长风公主完婚，同时赐

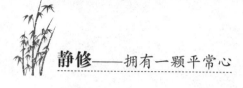

蛛儿和太子芝草完婚。

这一消息对蛛儿如同晴空霹雳，她怎么也想不通，佛祖竟然这样对她。几日来，她不吃不喝，穷究急思，灵魂就将出壳，生命危在旦夕。

太子芝草知道了，急忙赶来，扑倒在床边，对奄奄一息的蛛儿说道："那日，在后花园众姑娘中，我对你一见钟情，我苦求父皇，他才答应。如果你死了，那么我也就不活了。"说着就拿起了宝剑准备自刎。

就在这时，佛祖来了，他对快要出壳的蛛儿灵魂说："蜘蛛，你可曾想过，甘露（甘鹿）是由谁带到你这里来的呢？是风（长风公主）带来的，最后也是风将它带走的。甘鹿是属于长风公主的，他对你不过是生命中的一段插曲。而太子芝草是当年圆音寺门前的一棵小草，他看了你三千年，爱慕了你三千年，但你却从没有低下头看过它。蜘蛛，我再来问你，世间什么才是最珍贵的？"

蜘蛛听了这些真相之后，好像一下子大彻大悟了，她对佛主说："世间最珍贵的不是'得不到'和'已失去'，而是现在能把握的幸福。"

刚说完，佛祖就离开了，蛛儿的灵魂也回位了，睁开眼睛，看到正要自刎的太子芝草，她马上打落宝剑，和太子紧紧地抱在一起。

你能领会蛛儿最后一刻所说的话吗？"世间最珍贵的不是'得不到'和'已失去'，而是现在能把握的幸福。"正如同花儿一样，含苞欲放的花蕾没有漂亮的形象，已经开放的花朵又显得有些红颜已老，只有正在盛开的花朵才显得格外的漂亮。

4. 执着于空想是一种负担

"一个人若耽于空想，就会白白浪费了宝贵的时间。"

我们身边的一切皆来自真实的生活，不要空想，不敢面对来自外界的压力，到最后吃亏的只能是自己。如果你每天都在想这样的问题："我能做什么?"还不如尽早行动。否则，它将成为你的负担。

再大的梦想，不付诸实际行动，也永远只是你心中美好的愿望。任何人的成功都离不开艰苦的努力。成功者刻苦、勤奋，自强不息。而这些又是要付出实际行动的，行动是获得成功的必经之路。

生命总是在演绎着，延续着。不要浪费一生的时间，什么也没有留下，什么也没有获得。要想把握永恒，就要行动起来，不要活在空想里。

要想使自己的梦想得以实现，就要从小培养积极行动的能力。行动是我们实现梦想的必然手段，不要脱离了现实而成为空想。

为什么说行动这么重要呢？因为一切事情的开始都在于行动，没有实际行动，再好的梦想也是空谈。俗话说，"好的开始是成功的一半"，市场竞争中，机会往往稍纵即逝，因而对于一个人而言，如果一味空想，缺乏付诸行动的勇气，就算机会屡次降临到你的身边，也往往会失之交臂。自己解救自己，才能感受到快乐和满足。即使你有再大的惰性，你也要时刻提醒你自己，控制自己的行为、自己的思想、自己的一切。一个连自己都不能控制的人，是很难有所作为的。

韩雷大学毕业后如愿考入当地的《每日新闻报》任记者。这天，

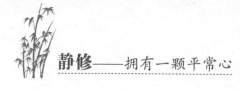

他的上司交给他一个任务——采访市委书记。

第一次接到重要任务，韩雷不是欣喜若狂，而是愁眉苦脸。

他想，自己任职的报纸又不是当地的一流大报，自己也只是一名刚刚出道、名不见经传的小记者，市委书记怎么会接受他的采访呢？

同事小曹知道他的苦恼后，拍拍他的肩膀，开导他说："我很理解你，我当初来的时候也有这样的想法，就好比躲在阴暗的房子里，然后想象外面的阳光多么的炽烈。其实，最简单有效的办法就是往外跨出第一步。"

韩雷拿起桌上的电话，查询市委书记的办公室电话。很快，他与书记的秘书接上了号。韩雷直截了当地道出了他的要求："我是《每日新闻报》新闻部记者韩雷，我奉命访问书记，不知他今天能否接见我呢？"

接着，韩雷听到了他的答复后，说："谢谢你。明天 1 点 15 分，我准时到。"

"直接向人说出你的想法，真的管用了！"

原来直接行动这么管用，以前的担心也一扫而光。

多年以后，昔日羞怯的韩雷已成为《每日新闻报》的台柱记者。回顾此事，他仍觉得刻骨铭心："从那时起，我学会了单刀直入的办法，做来不易，但很有用。而且，第一次克服了心中的畏怯，下一次就容易多了。"

"空想与理想的距离有时仅一步之遥，理性地抉择，智慧地生活，这样我们才会离自己的理想越来越近，才不至于让自己的理想化为泡影。"很多事情没有想象的那么难。韩雷用一个电话完成了人生的一个跨越。看似困难的事情，只要开始了第一步，那下一步就容易多了。

要成功，就要敢于梦想，勇于追求梦想，并通过自己的行动把它变成现实。当然了，适当的空想能唤起你对未来的向往，是有一定积极作用的，但是没有行动，只是一味地陷入空想状态中，那就很危险了。不要一味地空想，把空想和行动结合起来，空想才会有价值。否则，空想会成为你的负担。

5. 学会主动把握眼前的机会

大凡成功的人，都是善于寻找机会并善于抓住眼前机会的人。

从前有个虔诚的信徒，一日正走在一条大河边，却不小心被河水冲倒，跌入了水流湍急的河里。但他并没有急着喊救命，因为他相信佛祖一定会救他的。

这时，他远远地看见有人从岸边经过，但信徒却想："我这么虔诚，佛祖一定会救我的。"于是没有向那人求助。

过了一会儿，河水把它冲到了河中心，他发现前面有一根浮木，但他却没有伸手抓住它。他还是这样地想着："佛祖一定会救我的，我根本不用着急。"于是他照样在水中扑腾，一会儿浮，一会儿沉，最后他被淹死了。

信徒死后，他的灵魂愤愤不平地问佛祖："我是一名如此虔诚的信徒，您为什么不救我呢？"

佛祖奇怪地问："我还奇怪呢，我给了你两次机会，为什么你都没有抓住？"

其实人生会给任何人机会，机会摆在你的面前，你不去抓住，那又能怪谁呢？千万不要像这位信徒一样，错失了看得见、摸得着的机

会，连自己的性命都没有保住。优秀聪明的人不会去抱怨机会不来临，他们会主动把握、抓住机会，成就自己。机会随时有，看你有没有慧眼判断。在你抱怨机会不会降临的时候，你其实已经错过了。

一日，佛陀向弟子们讲了一个故事。

佛陀说："世界上有四种马。第一种是第一等良马，能明察秋毫。主人为它配上马鞍，套上辔头，它能日行千里，快如流星。尤其可贵的是，当主人一扬起鞭子，它一见到鞭影，便知道主人的心意，前进后退、或快或慢都能揣度得恰到好处，不差毫厘。

"第二种是好马，反应灵敏。当主人的鞭子到的时候，它不能马上警觉。但当鞭子扫到马尾的毛端时，它也能知道主人的意思，奔驰飞跃。

"第三种是庸马，后知后觉。不管主人多少次扬起鞭子，它见到鞭影都毫无反应，甚至皮鞭抽打在皮毛上，它都反应迟钝，无动于衷。只有主人动了怒气，鞭棍交加地打在它的肉躯上，它才开始察觉，顺着主人的命令奔跑。

"第四种是驽马，愚劣无知、冥顽不化。主人扬鞭时，它视若未睹，鞭棍抽打在皮肉上，仍毫无知觉；直到主人盛怒之极，双腿夹紧马鞍两侧的铁锥，霎时痛入骨髓，皮肉溃烂，它才如梦初醒，放足狂奔。"

佛陀又说："弟子们！这四种马好比四种不同的众生。第一种人听说时间有变化无常的现象，生命有陨落生死的情境，便能悚然警惕，奋然努力，立志创造崭新的生命。这就好比第一等良马，看到鞭影就知道向前奔跑。

"第二种人看到世间的月圆月缺、看到生命的起起落落，也能及时鞭策自己，不敢懈怠。这就好比第二等好马，鞭子才打在皮毛上，便知道放足驰骋。

152

"第三种人看到自己的亲朋好友经历死亡的煎熬以及肉身的坏灭，看到颠沛困顿的人生，目睹骨肉离别的痛苦，开始忧虑恐惧，善待生命。这就好比第三等庸马，非要受到鞭打的切肤之痛，才能幡然醒悟。

　　"而第四种人只有当自己病魔侵身、如风前残烛的时候，才悔恨当初没有及时努力，在世上空走了一回。这就好比第四等驽马，受到彻骨彻髓的剧痛，才知道奔跑。然而，一切都为时已晚。"

　　佛陀借马说人，着实精妙。我们要像第一种马、第二种马那样懂得判断事物。我们是凡人，但是我们要学会主动把握机会，主动观察人生，主动洞晰事物的规律。人生苦短，生命可贵，我们更要珍惜时间，日益精进，像第一种、第二种马那样驰骋不息，不要等到来不及时方才后悔莫及。

6. 不要悔恨过去

　　莎士比亚曾说："一直悔恨已逝去的不幸，只会招致更多的不幸。"不要悔恨过去，因为它不会再来。把你关注的焦点放在你身边的人、事、物上面，全心全意地体验当前这一切。在未来还没有来到之前，把你全部的能量都集中在当下这一刻，生命因此而具有活力。

　　有一天，一个妇人上街买东西，不小心丢失了一把伞。她一路上都很悔恨，不停地怪自己，怎么如此不小心。她一路心神不宁，找了半天，也没有找到。回到家之后，她才发现，天啊！连她的钱包也不见了。原来她一直惦记着自己所掉的那把伞，最后在仓促与不安中，钱包也丢了。这让她懊恼不已。

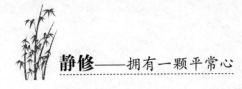

静修——拥有一颗平常心

　　如果她丢了伞之后，注意一下自己的钱包，那么至少她还可以用钱包里的钱再买一把新伞。过去的已经过去了，也成为过去时了，已经不能挽回了，所以把眼前的事情处理好才是良策。

　　在一座寺庙里，有一个小和尚，他常常会为过去做错的事情感到不安。

　　那天，师父在众多弟子面前讲经念法，旁边放着一瓶牛奶。弟子们不明白这瓶牛奶和讲经念法有什么关系，都静静坐着，望着师父。

　　师父站了起来，有意失手把那瓶牛奶打翻在水池中。弟子们围拢到水池前，议论纷纷，觉得很可惜。

　　师父说："我希望你们永远记住这个道理，牛奶已经淌光了，不论你们对以前做错的事情是怎样的后悔和抱怨，都没有办法取回一滴。你们如果要是事先想一想，加以预防，那瓶奶还可能保得住，可是现在已经来不及了。我们此时所能做到的事情，就是把它忘记，然后专注于下一件事。"

　　不要为洒光的牛奶哭泣，最好的方法是把它忘记。过去的已经过去，历史不能重新开始。为过去哀伤，除了劳费的我们的心神，分散我们的精力，并不能给我们带来一丝好处。

　　过去不能决定现在，要想现在不重复过去，那么把当下的一切做好。有句话说的好："我不能左右天气，但是我可以改变心情；我不能改变容貌，但是我可以展现笑容；我不能控制他人，但是我可以掌握自己；我不能预知明天，但是我可以利用今天；我不能样样胜利，但是我可以事事尽力；我不能决定生命的长度，但是我可以控制生命的宽度。"

　　忘掉小我，感受生命的大我。忘掉过去，感受当下的一切。在生命现在的海洋里无所畏惧地漂流。

　　虽然过去给了我们太多的伤害，但是静下心来想一想，你应该

154

感谢过去，正因为有了过去，你才有了更多的经验和阅历，它让你在以后的生活中更加自信。那些痛苦我们都承受下来了，难道我们还没有勇气去面对现在的生活吗？认真活在当下，追求自己的幸福。

活在过去里的人往往不懂得什么是快乐，有些人回忆过去、沉浸在过去的痛苦或坎坷中，留恋于昔日的辉煌或自豪中，然而他们对当下的生活却感到失落，郁郁寡欢；有些人担心未来，担心金钱、地位、名誉的失去，唯独丢下了现实的感受。这些人一定活得很辛苦，因为他们不知道应该怎样面对过去、现在、将来。

不要悔恨过去，放下昨天和过去的烦恼，舍弃对过去美好的回忆和留恋，舍弃对于明天和未来的过度担心、恐惧和忧虑，用全部的精力来享受今天。

其实有时候，我们什么都不缺，唯一缺的就是活在当下的心态，没有全身心地关注当下。负累于过去，担心于未来，结果过去与未来都离我们远去。我们所能抓住的不是过去，也不是未来，只有今天才是我们牢牢把握的时间，它是神给予我们的宝贵财富。所以，学会掌控今天才能取得生活的真谛，让生命永恒。

7. 思考昨天，珍惜今天，规划明天

有人说人的一生只有三天——昨天、今天、明天。昨天已经过去，成为过眼云烟；今天正在眼前，但早晚也会过去；明天还未来到，但很快就会到来。走出昨天，面对今天，迎向明天。昨天，今天，明天，构成了时光的年轮，组成了人生的"三步曲"。

忘记昨天的人，不会珍惜今天；虚度今天的人，也不会重视明

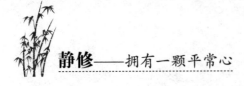

天。漫漫人生路上的时光仅仅有三天——昨天、今天、明天。世上之人也有三种人——为昨天而活的人、为今天而活的人和为明天而活的人。也许你会觉得第一种人感情专一，第三种人浪漫，而第二种人却是现实的。所以最重要的是我们生命中的今天，这是我们唯一能把握的确定因素。最重要的是把握住今天，抓紧现实中的一分一秒，胜过沉醉于梦中的十年。

聪明的人，思考昨天，抓紧今天，规划明天；愚蠢的人，悔恨昨天，挥霍今天，空想明天。人生要想活得有意义，那么就要无愧无悔于昨天，丰硕盈实于今天，充满希望于明天。今日一日，当明日两日。

人生总是如此，当你可以努力的时候，你却不怎么努力。而当时光匆匆溜走后，又发现因为过去付出得太少、积累得太少，因此总是无法获得想要的东西。知道了这个道理，就不要再有这样的抱怨：当初要是认真读书就好了，当时要是多付出一些就好了。

你今天所得的一切都来自过去，未来所得的一切决定于今天。从今天起，为未来而努力、积累、奋斗吧！

常常怀旧的人，用的是今天的时间却不务实；而常常空想明天的人，也不切实际；唯有为今天而活的人，活得才是有意义的。他们不会为昨天而感伤，也不必为明天而幻想。

今天不能把握好，就会成为昨天的遗憾。俗话说："昨天是基础，今天是行动，明天是计划。"没有今天，昨天就不会进步，计划的明天就会落空。没有今天，我们就驶不出昨天的港湾，就达不到明天的彼岸。

"少小不努力，老大徒伤悲。"今日不努力，明日徒伤悲。我们注定要活在今天，梦在明天，死在昨天。因此，昨天是我们真正的归宿。每个人只有明白了昨天，懂得了明天，才会真正珍惜今天。珍惜今天就是珍惜自己。

明明是个聪明的小孩，立志要好好学习，将来当一名科学家，可是他有些贪玩。

周末快放学的时候，老师给孩子们留了一篇比较难的作文，为《昨天、今天、明天》，要求周一上交。明明想了半天，也没想好。

回到家中，明明想起了昨天玩的游戏才打到一半，就玩了起来。

妈妈说："留作业了没有啊？"

明明说："留作文了，我要明天写，今天玩。"

妈妈听后说："什么作文？"

明明说："昨天、今天、明天。"

妈妈说："今天的事今天做，不要等到明天，明天还有明天的事。"

明明说："哦，妈妈，我知道该怎么写了，我现在就写。"

明明很聪明，在妈妈的点拨下，立刻明白了要抓住现在。

其实，在人的一生中，今天是重要的。如果你把今天的事推到明天，明天的事推到后天，一而再，再而三，那么事情永远也完成不了。只有懂得如何利用今天的人，才会为明天的成功打好基础。

珍惜今天，你便是世界上最富有的人。珍惜今天，你会觉得生活真的很美好。昨天让我们学会了回忆，学会了思考，学会了珍惜，学会了奋进，学会了取舍，让我们懂得了生死的含义；让我们用自己的双手，撑起一片灿烂的天空。没有美好的昨天，就不会有丰富博大的今天；昨天给了我们宝贵的财富、渊博的知识、丰富的经历、超人的智慧。昨天已经逝去，我们不再拥有；今天正在悄悄地向我们走来；明天是一个极大的未知数。当我们用心去体验今天，珍惜今天，也就是已拥有了未来的明天。

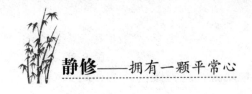

8. 生命旅程的内在意义

生命存在目的是什么？生命旅程的内在意义要靠自己去体会。一个人如果没有什么理想的话，就会感到空虚，就会觉得生命没有任何意义。

如果一个人知道人生难得，能够行善去恶，那么他的人生就有意义。

有的人只希望快乐地过一生，常常设法忘记一切的不快，甚至不敢正视自己的问题，还怕别人会发现。随着时光飞逝，岁月毫不留情地溜走了。但是这并不能阻止问题的发生，如失业、心爱的人的离去、财产损失等，一旦经不起打击，整个人就崩溃了。

这时他们就会责问上天：这到底是为什么？人活着到底是为了什么？对现实的无力会使人感觉到更加空虚和无助，所拥有的一切快乐在倾刻间消散。

所以，人活着一定要有理想，要为理想而奋斗，这样才会不怕困难，不怕挫折。

每个人的起点不一样，有的人出身好，有的人天生丽质，有的人智力超群，但是那些貌丑、智力平平者也不要悲观失望。人生就像打牌，有的人拿到手里一副烂牌，看似一生也没有赢的希望，但是命运还是慈悲的，给他们留了一个可以改变的机会。在那里，他们可以改变自己的认识，可以决定自己的情感体验，可以得到自己想要的快乐。每一个人都可以如此走完自己的人生；在这里，不论贵贱，众生平等。

一个人的一生要不做坏事、不偷懒、不投机取巧，要尽心、尽力、尽自己的责任。即使你这一生做不好也没有关系，因为来生还可以努力。拥有了这样的人生，也就找到了生命的意义。

一个小和尚请教慧法大师快乐的秘诀。

慧法大师说："'境由心造'，只要你真心觉得自己比别人还快活，那么你就的确会如此。"

接着，大师讲了这样一个故事：

从前，一个国王心情总是感到很沉闷，整天抑郁寡欢，虽极耳目声色之娱，而他始终不快乐。左右纷纷献计，其中有一位大臣说："如果在国内找到一个快乐的人，把他的衬衫脱下来，然后给您穿上，那么您就会快乐了。"

国王赞同了他的想法，于是使四处寻找快乐的人，访遍了朝廷显要、朱门豪家，人人都有心事，家家都有一本难念的经，都不快乐。最后找到一位农夫，他耕罢在树下乘凉，裸着上身，大汗淋漓。

使者问他："你快乐吗?"农夫说："我自食其力，无忧无虑! 快乐极了!"使者听过之后，非常高兴，便索取他的衬衫。农夫却说："哎呀，我没有衬衫。"

"快乐就是人生的根本目的"，快乐不需要理由，只要我们有一颗使自己快乐的心，那么我们随时随地都可以享有它! 快乐在每个人的心里，而不是求借于外物就能得到的。

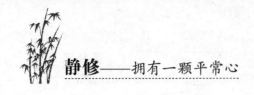

9. 专注于当下，让未来走得更远

给自己设立一个目标，然后专注地朝着这个目标前进，哪怕再小再微不足道，它也将指引你走得更远。

目标一定要清晰，不能用很笼统的目标。模糊的目标不能指引你前进，当然也不能专注。我们时常在某些时候感到迷茫，感到无所归属，仿佛年华已经老去一半，脚步却还在原地打转，让前进的脚步去体验生命的永恒。

伤感很容易到来，在那些无助的时刻成为你的负担，使你不自觉陷入混乱，使身体感到虚弱，精神感到不振。明明世界没有改变，却感到一种失去。你困惑得越多，就越会陷入混乱，还不如专注投入工作，获得短暂满足。只要专注做某件事才能让我忘掉烦恼的我，才不用为这个"我"考虑太多不切实际的需求。

脚踏实地地从小事做起，脱离那个虚幻的自我，找个本子把每天的计划记下来，认真执行，到最后才不会因为什么都没做而产生失落感。

一位农场主在谷仓里丢失了一块名贵的手表，这让他很着急。他四处寻找未果，便定下赏价，承诺谁能找到这块手表，就给他50美元。

人们在重赏之下四处翻找，可是偌大的谷仓内到处都是成堆的谷粒，要在这当中找寻一块小小的手表并不容易。人们差不多把谷仓翻了个个儿，仍一无所获。大部分人放弃了50美元的赏金，回家去了。

仓库里只剩下一个贫困的小孩仍不死心，希望能在天完全黑下来之前找到它，以换得赏金。谷仓中逐渐变得漆黑，小孩有点害怕，但仍不愿放弃，不停地摸索着。这时谷仓内是如此的寂静。有一个奇妙的声音，嘀嗒、嘀嗒不停地响着。小孩顿时停下所有的动作，静静听着，辨别出了方向。嘀嗒声也变得十分清晰，是手表的声音。

小孩循着声音，在漆黑的大谷仓中找到了那块名贵的手表。

小孩成功了，这份成功其实很简单，专注地对待一件事，它总会以某个意外的方式向你敞开希望之门。就像静静的夜里那手表的嘀嗒声，那么安静，那么专注。而你只需要做的就是一心一意地去做，别回头，别退缩。

这个故事告诉我们做事情要专注与单纯。其实，它原本就存在于每个人的心中。你不要被复杂的情况所困惑，循着你内心的正面引导，真正地去寻找它，并且要专注、单纯地思考，直到你听到清晰的嘀嗒声，你也终将获得成功的人生。

英国有一家报纸曾举办过一个活动，其中设置了高额奖金的有奖问答活动。

要求征答的内容是，在一个热气球上，载着三位关系人类兴亡的科学家。由于热气球充气不足，即将坠毁，必须丢出一个人以减轻载重，使其余两人得以生存。请问，该丢下哪一位科学家？

第一位是环保专家，他的研究成功的话可以拯救无数人免于因环境污染而面临死亡的厄运。

第二位是原子专家，他有能力防止全球性的原子战争，使地球免于遭受灭亡的绝境。

第三位是粮食专家，他能在不毛之地运用专业知识成功地种植谷物，使几千万人脱离因饥荒而亡的命运。

问题刊出后，因为奖金的数额非常高，各地答复的信件如雪片

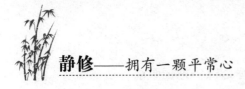

飞来，什么样的答案和理由都有。在这些答复的信中，每个人都天马行空地阐述他们认为必须丢下哪位科学家的见解。

最后结果揭晓，巨额奖金得主是一个小男孩。他的答案非常简单——将最胖的那位科学家丢出去。

小男孩简单而幽默的答案，获得了完美的结果。事情往往没那么复杂，越是复杂的事情越是有简单的方法，往往比钻牛角尖更能获得成功。寻找真正切合该问题所需求的本质，而非困惑于问题本身的题目探讨。

专注而不执拗，它会引领你走向成功。如果给自己设立太多目标，那么你会陷入混乱，最终一无所获，疲惫不堪。

第9章 | 成功之道:
迷时师度,悟时自度

人生在世,每个人都渴望能够获得幸福和快乐,但是很多人将希望过分地寄托在他人的身上,而不愿意自己努力,只想苛求他人,所以,总会感到心累,总是不能够称心如意。自助者,天助之。人生在世,难免会遇到困境。如何才能彻底摆脱困境呢?极为关键的一点,就是要拥有一颗自度之心,依靠自己去努力,不去苛求他人,就能活得自在,活得惬意!

1. 天救不如自救

一个人只有自己先帮助自己，然后才能得到天助，实际上这个"天"仍然是你自己。

在生活中，很多人都有这样的经历：一遇到困难，第一反应就是求助于父母、朋友、同事……认为他们是可以信赖、可以依靠的人；一旦得不到帮助，便心存抱怨，万分沮丧。殊不知，他们只是生命中短短的一座桥，甚至一个过客，不是自己可以长久依靠的肩膀。

唯有自己才可以改变自己的命运，自己的行为决定自己未来的一切。凡事都要靠自己，别人是替代不得的。

曾经有一个马车夫，赶着马车行走在泥泞的道路上，因为马车上装满货物，所以前进得十分艰难。

忽然，马车的车轮深深地陷进了烂泥中，马怎么用力也拉不出来，无论车夫怎么用鞭子抽打马的身体，还是拉不出来。

车夫站在那儿，无助地看看四周，时不时喊着"帮忙呀"。

后来，终于来了一个人，不过是个老者，他走过来对车夫说："把你自己的肩膀顶到车轮上，然后再赶马，这样你就会得到神助。"

马车夫按照他的方法，用肩膀顶着车轮，果然走出了泥泞。

其实，真的有人帮助了马车夫吗？完全没有。帮助他推车的就是自己的肩膀，就是他本人。如果他不用肩膀去顶，那么马车无论如何也无法被推走。

常言道："求神不如求人，求人不如求己。"与其把希望寄托在神鬼身上，不如自己去努力。

人生在世，每个人都渴望能够获得幸福和快乐，但是很多人却将希望过分地寄托在他人的身上，而不愿意自己努力，只想苛求他人，所以，总会感到心累，总是不能够称心如意。自助者，天助之。人生在世，难免会遇到困境。如何才能彻底摆脱困境呢？极为关键的一点，就是要拥有一颗自度之心，依靠自己去努力，不去苛求他人，就能活得自在，活得惬意！

有一天下起了大雨，一位佛教徒在屋檐下面避雨。他看到一位禅师撑着雨伞从自己的面前走过，便大声地喊道："禅师，佛法不是教我们要普度众生吗？你度我一程怎么样？"

那位禅师就停下来说道："我在雨中，你却躲在屋檐下面，而屋檐下面又根本不能被雨淋着，为何还要让我去度你呢？"

佛教徒听到禅师这样说，就立刻从屋檐下冲出来，站在雨中大声说道："我现在已经在雨中被雨淋了，你可以度我了吧！"

禅师说道："你在雨中，但我也在雨中，我没有被雨淋到是因为我带了伞，而你被雨淋是因为你没有带避雨的用具。准确地说，不是我度你，而是伞在度我。如果你要度，不要找我，请你自己找些避雨的用具来吧！"那位佛教信徒在雨中实在难受，就说道："你不愿意度我，早说啊，何必要绕如此大的圈子，白白让我在雨中苦淋了这么大一会儿？我看佛法讲的根本不是'普度众生'，而是'专度自己'。"禅师听罢此话，心平气和地说道："想要不被雨淋，就去找雨具过来啊。真正悟道的人是不会被外物所干扰的。雨天不带伞，一心想让别人帮助自己，这种想法是极为害人的。如果每个人都总想着依赖别人，自己又不肯出力，到头来一定是什么都得不到。每个人都是有本性的，只不过有的人还没有找到，平时也不愿意去找，只想依

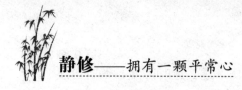

靠别人，不肯利用自己的潜在资源，仅将眼光放在他人的身上，这样内心是如何也不会平静，也不会获得成功的！"信徒听罢恍然大悟……

其实，禅师不肯借伞给佛教信徒，是禅师的大慈悲——人要被度，不能够去指望别人，而是应该依靠自己。下雨天，如果自己带伞，就可以避免被大雨淋；同样的道理，自己如果真的有佛性，那自然就不会被凡尘所累了。佛说："众生皆是佛"，只要心中有佛，便处处是佛。你行善时，你就是佛；别人行善时，别人也是佛。只要心中有佛，人人都是佛，处处都有佛，因此，人人都可以自度。所谓"佛度"，其实就是按照佛的指示，进行自悟、自救、自度而已！

2. 每个人都是一座取之不尽的宝藏

什么才是我们一生受用不尽的宝藏？不是身外之物，而是自己本身所拥有的智慧。每个人都是一座取之不尽的宝藏，它潜藏于人的身体之中，走到哪里就会带到哪里，谁也偷不去，那是我们真正的财富。

石屋禅师外出，偶遇一个人，两人畅谈了起来，一路结伴。当时天色已晚，他们一同投宿旅店。

半夜时分，石屋禅师突然听到房内有声音，问道："是天亮了吗？"

对方回答："没有亮，还是深夜。"

石屋禅师心想，这个人能在深夜漆黑中起床，应该道行很高吧。

于是又问："你是做什么的？"

那个人的回答出乎意料："我是小偷！"

石屋禅师说："原来是个小偷。你前后偷过几回？"

小偷回答："我也记不清了。"

石屋禅师问："每偷一次，能愉快多久呢？"

小偷回答："那要看偷的东西价值怎样啊！"

石屋禅师追问："最高兴时能维持多久？"

小偷回答："快乐短暂，几天过后就不快乐了。"

石屋禅师说："原来是个鼠贼。为什么不偷一次大的啊？"

小偷问："你有经验吗？你共偷过几次大的呢？"

石屋禅师回答："只有一次。"

小偷疑惑地说："只有一次？这样不够吧？"

石屋禅师回答："虽然只有一次，但够我毕生受用啊。"

小偷急问："这东西是在哪里偷得？我也想要。"

石屋禅师指着自己的脑袋说："这是无穷无尽的宝藏，如果你能够获得智慧和真理，毕生受用不尽。你懂吗？"

鼠贼明白了石屋禅师的教诲，深深后悔，随后皈依石屋禅师，做了一个禅者。

人总是会贪念一些身外之物，却对自己的宝藏视而不见。这些身外之物，即使得到了，也不会满足，当然也不会快乐。智慧和真理才是无穷无尽的宝藏，它储存于我们的大脑中，为我们所用，是能够让我们毕生受用不尽的。

我们一定要把自己的坏习惯改掉，养成好习惯，好习惯将使我们受用终生。虽然改掉坏习惯会有些难，但是如果不改掉的话，它们将永远困扰着你。

养成好习惯也需要智慧和方法。

一位禅师给弟子们讲解人生的奥秘。弟子们坐在他的周围。

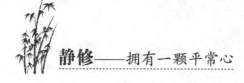

禅师问："怎么才能除去山野里的杂草？"

弟子们觉得禅师的问题太简单了。

第一个弟子说道："用铲子把杂草全部铲掉！"禅师听完微笑地点头。

另一个弟子说："可以一把火将草烧掉！"禅师依然微笑。

第三个弟子说："把石灰撒在草上就能除掉杂草！"禅师还是微笑。

第四个弟子说："他们的方法都不行，除草要除根，必须把草根都挖出来，它们就不会再长了。"

禅师说："你们讲得都很好。这样吧，寺庙后面那块地已经荒芜了很久，杂草丛生。我将这块地分成几块，我们每一个人，包括我在内，都将分得一小块地。从明天起，你们就按照自己的方法除杂草，而我会用我的方法。明年的这个时候我们就在寺庙后的那块地相聚吧。"

第二年很快到了，弟子们如约相聚在那块地边。

他们用尽了各种方法都不能彻底除去杂草，都来看看禅师的方法是什么。

禅师所处理的那块地，没有一根草，取而代之的是金灿灿的庄稼。

原来只有在杂草地里种上庄稼才是除去杂草最好的方法。

那是禅师为他们上的最后一堂课，庄稼已经成熟了，禅师却已经仙逝了。弟子们无不流下感激的泪水。

人的心灵亦是如此，要想让心灵不长杂草，最好的办法是修养自己的美德，增强学习力，不断修行，才能让心灵纯净。人的坏习惯就像杂草，长成容易，除去难。但是如果能学到禅师那样的智慧，去除也并不难。

曾经有一个弟子请教释迦牟尼"不知者无罪"。

释迦牟尼打了一个比喻，对弟子说："现在有一把火钳，已经被烧得火烫，但肉眼却看不出来。如果要你去拿这把火钳，是知道它烧得火烫受害严重，还是不知道它烧得火烫受害严重？"

弟子说："当然是不知道它烧得火烫受害严重。不知道才没有一点心理准备，被烫的时候就来不及采取防范措施。"

释迦牟尼和蔼地说道："是啊！如果知道火钳烧得火烫，就会深怀戒心，丝毫不敢大意，也绝不会用力去抓。如果不知道火钳烧得火烫而去拿，就会用力去抓。可见并不是'不知者无罪'，而是不知者受害最大。人们就是因为不明真理，所以才会在苦海尊浪里翻腾沉沦。"

往往事情的真相被掩盖后，人们就显得愚昧无知，而此时是最容易受到伤害的。所以我们要探求事物的真相，增强自己的学习力，开发自己的智慧。如果因为无法分析事物可能产生的后果，而遭受磨难，那将是很痛苦的。要想成功，就要多充实知识。学习力就是生产力，它将指引你达到生命的另一个境界。

3. 物随心转，境由心造

物随心转，境由心造，烦恼由心生。荀子说："心者，形之君也，而神明之主也。"一位伟人说："要么你去驾驭生命，要么是生命驾驭你。你的心态决定谁是坐骑，谁是骑师。"一个人有什么样的心态就会产生什么样的结果。心态是决定成功与失败的关键，而成功与失败往往是一念之间。

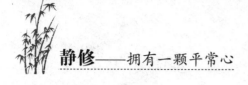

有一位著名的画家，想创作一幅尊贵的天使画像。但是天使没真实影像，于是他花费很多年去寻找一个适合当天使的模特儿，最后终于找到一位轮廓分明、他想表达的天使形象的人。

这位画家重金聘请年轻人当模特儿，不久，便创作完成。当这幅画展出时，震撼了艺术界，大家都赞叹不已，此画轰动一时。

又过了一段时间，画家想："如何让天使显得更完美？最好的方法就是美与丑的并列比较；而恶魔最丑陋，那么是不是也该画一幅最丑陋的恶魔像呢？"

从此，他开始寻找一个长得最丑恶的人，最凶恶、让人看了心会惊怕的邪恶形象，最后他在监狱中找到一名死刑犯。

当画家快要画完的时候，这名死刑犯忍不住哭了出来，说："几年前，我也当你的模特儿，那时你画的是天使；几年后你画恶魔，竟然也选中我。"

画家惊住了，他说："怎么会这样啊？你以前让人看起来很慈悲，怎么今天看来却是这样邪恶？"

死刑犯就告诉他："那时你画完之后给我很多钱，我就去吃喝玩乐，甚至沾染了不好的习惯——吸毒、赌博，钱花完了就抢劫、杀人，做了种种罪业，才落得今天的下场。"

这位画家听了，心里非常难过，也为这个年轻人深感惋惜。

一开始，这个年轻人的心灵清净、无私无欲、没有迷失的时候，成为画家的天使模特儿；后来却因为钱财而迷失，掉入陷阱中，不能自拔，变成了画家的恶魔模特儿。所以，人不要因为一时糊涂，而一步踏错，一步错，步步错。

一户村庄里有几个小孩子非常调皮捣蛋，他们常常晚上装鬼吓人。

一天，云居禅师来到村庄，那几个爱捣乱的小孩子藏在他的必经之路上。等到禅师过来的时候，一个人从树上把手垂下来，扣在禅师的头上。

孩子以为禅师必定吓得魂飞魄散，哪知禅师任孩子扣住自己的头，静静地站立不动。孩子反而吓了一跳，急忙将手缩回。此时，禅师又若无其事地离去了。

第二天，他们问禅师："大师，听说附近经常闹鬼，有这回事吗？"

云居禅师说："没有的事！"

"是吗？我们听说有人在晚上走路的时候被魔鬼按住了头。"

"那不是魔鬼，而是村里的小孩子。"

"为什么这样说呢？"

禅师答道："因为魔鬼没有那么暖和的手！"

禅师又说："临阵不惧生死，是将军之勇；进山不惧虎狼，是猎人之勇；入水不惧蛟龙，是渔人之勇。和尚的勇是什么？就是一个字：'悟'。连生死都已经超脱，怎么还会有恐惧感呢？"

禅师在面对危险的情况时，临危不乱，从容应付小孩子的恶作剧，冷静地分析出魔鬼没有那么暖和的手，表现出过人的胆识和一种大彻大悟。

人之命运取决于心态，而心态的消极与积极是在生活中体验的，也是可把握的。当我们遇到一些意外的事件时，首先要做到处变不惊，冷静思考，不要被表象冲昏头脑，要像禅师那样冷静而有智慧。没有办法做到冷静，就谈不上智慧。

心态决定命运，我们不要在心绪不好时做出任何决定。此时的你往往是悲观消极的，而在心情好时却与之相反。积极创造人生，消极消耗人生。如果生活中看不到希望，是因为自我调节的意识太差，让希望搁浅在彼岸的沙洲上。只要具备信念、恒心和毅力就完全可

以驾驭自己的内心。拥有积极心态并不意味着一定成功，还要真正付出行动，人要抱着"一定要"的意念去击垮困难之墙。

无论理想是什么、有多么遥远，我们都要拥有积极的心态。积极的心态是一叶轻舟，会承载希望到达理想的彼岸，同时让我们"拾"起快乐和幸福。

 # 4. 先付出，不计较得失

不要在付出之前就想着收获，你还没有付出，哪来的收获呢？在付出时，全身心地投入，这样才会有所收获，才不会把得失看得太重。我们在生命的旅程中，都是种瓜得瓜、种豆得豆。在你得到某些东西以前，也要先投入一些东西。农民必须在收获之前，先播种；学生在获得知识与毕业文凭之前，也要读许多年的书；运动员要想赢得金牌，也要付出许多的汗水；小人物要想成为大人物，也要花相当多额外的时间工作。当你失去某些东西的时候，生命会补偿给你一些东西。事实上，一份付出就会有一份回报。

从前，有一位商人做生意遇到了困境，他去请教智尚禅师。

禅师说："后面的禅院有一架压水机，你去给我打一桶水来！"

商人不久空手而归，说："禅师，压水机下面是枯井。"

禅师说："那你就到山下去给我买一桶水来吧。"

半天工夫，商人拎了半桶水回来。

禅师说："我不是让你去买一桶水吗，怎么才半桶呢？"

商人急忙解释说："不是我怕花钱，山高路远，实在不容易啊！"

"可是我需要一桶水，你再跑一趟吧！"禅师坚持说。

商人无奈又到山下买了一桶水回来。

于是禅师带他来到压水机旁，说："将那半桶水统统倒进去。"

于是，商人将那半桶水倒进压水机里。禅师让他压水看看。商人压水，可只听见那喷口作响，没有一滴水出来，连那半桶水也没有了。

禅师又让商人把那整桶的水全部倒进去，再压几下，果然清澈的水喷涌而出。

商人明白了，原来自己生意失败的原因，是自己付出不够。任何事都没有不劳而获的道理，人人都明白先付出才会有收获，可是真正能做到的却不多。很多人搞反了顺序。就像他们会站在火炉前说："火炉，请给我一点温暖，然后我给你加进一些木柴。"没有付出，哪来的收获？

在奋斗的过程中，难免会遇到这样或那样的困难。当你处于困境时，你要记住这个故事。如果你在开始时仅偶尔为之，或未尽全力，那么你必然一直在那里耗下去，而不会有任何结果。

从前，有一位国王领导着本国的人民丰衣足食，安居乐业。这位国王深谋远虑，他召来了国内最有名的一位学者，命令他找到一条能确保人民生活幸福的永世法则。

三个月后，这位学者把三本六寸厚的帛书呈给国王说："国王陛下，天下的知识都汇集在这三本书内。只要人民能读完它，就能确保他们的生活无忧了。"

国王说这太多了，于是他命令这位学者继续寻找。

不久，学者把三本简化成一本。国王还是不满意。

又过了一段时间，学者把一张纸呈给国王。国王看后非常满意地说："很好，只要我的人民日后真正奉行它，我相信他们一定能过上富裕幸福的生活。"说完后便重重地奖赏了这位学者。

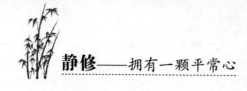

原来这张纸上只写了一句话："天下没有不劳而获的东西。"

很多人恨不得一夜暴富，不愿意日积月累地做事情。他们抱着投机取巧的心态，很难全力以赴。这些一夜发达的梦想，都是人们努力的绊脚石。不要幻想不劳而获。扎扎实实地打好基础，成功就离你不远了。

5. 有的放矢，成就事业

我们认识事物不能只注意某一部分，要从整体上来看。就像整个宇宙不是只由某一事物组成一样，还要关注与这一事物有密切关连的事物。每一事物都有它表面的现象和内部的本质，本质和各个现象之间也会有很多联系。正因为事物与事物之间密切联系，才构成了宇宙的整体。所以，我们的认识要全面，不能偏颇。

一个小和尚向禅师请教怎么才能够发现事件的本质而不是表面现象。

老禅师对他说了这样一个故事：

两个年轻人结伴而行，他们在道路上看到大象的足迹。其中一位对另一位说："这是一头母象，怀了一只小象，母象的右眼是瞎的；象背上骑着一位妇人，这位妇人也怀了一个婴儿。"

另一个人不信，问他："你之前见过吗？"

这个人说："我虽然没见过，但是我能推理出来。你要是不信，我们一同到前面去看。"

两个人赶紧前行，找到了那头大象，果然同那位年轻人所说的一样。没过多久，母象生了头小雌象，妇人也生了个小女孩。

年轻人的同伴百思不得其解："他一看到大象的足迹，就能看出许多问题，我却什么都辨别不出来，这是为什么呢？"于是，他就问那位年轻人："你是怎样辨别大象足迹的呢？"

这位年轻人回答道："我只不过是将老师教我们的方法运用到实际中罢了。我看到大象小便的地方，就知道它怀着小象；看见道路左边的草没有任何倒伏，而右边却相反，就知道此象右眼必是瞎的；又看见象歇息之处有小便，便知道象背上驮了人；看见此人右腿足迹深，就知道是位孕妇。"

年轻人通过点滴的细节，进行细致的观察和判断，运用正确的方法，找到了很多表象后面的本质。可见，当我们将所学的知识、方法运用到实际生活当中去时，就能得到更多的收获。

发现事物的本质，才能对事物有正确的估计和认识，这要求我们拥有将知识运用到实际的本领。它将指引我们成就非凡的事业。

在生活中，我们想要得到什么，就要努力地去争取。付出自己所拥有的，得到所需要的。

姚文琛是被誉为"改变世界扑克行业命运和形象"的人。他是上海姚记扑克创始人。

他大学毕业后进入了一家国企上班。后来，他并不满足于那种朝九晚五的生活，于是辞了职，东拼西凑地借了一些钱，经营起了扑克的代理生意。

他坚持诚信经营，几年的扑克贸易做下来赚到了不少钱。然而他并没有因此满足，抱着"卖货不如生产"的想法，他拿出所有积蓄，创办了一家小小的扑克生产公司。坚持一切以质量说话，他们生产出的扑克品质高、手感舒适，很快受到了市场的欢迎。

2001 年，比利时的一家扑克公司也注意到了他们，于是找上门来提出合作意愿：为期 10 年，比利时的公司提供原材料以及其他的

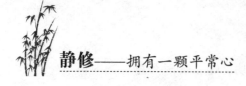

一切资金，姚文琛负责为他们生产扑克，无论盈亏，他们每年给姚文琛800万美元，条件是那些产品必须冠上比利时公司的牌子。

比利时公司的这个合作意向简直是天上掉下来的好事，公司上下一片喝彩声，有人出成本，而且不论盈亏每年都有800万美元的收入，10年就是8000万美元啊！大家没料到，姚文琛经过仔细思考后，毅然拒绝了与比利时公司的合作。

这样的条件也拒绝？同事们简直怀疑这位年轻的老板究竟会不会做生意，其中一位市场经理更是对他提出了强烈的反对意见："不伤公司的一分一厘，而且不用担任何风险，每年就可以有800万美元的纯利润，无论是为了公司还是为了自己，我们都应该接受这个合作的提议！"

姚文琛笑笑说："这的确是一个绝佳的赚钱机会，但是只能赚10年，10年之后我们就彻底失去了竞争国际市场的优势，甚至我们的品牌都会销声匿迹。想要长远发展，我们绝不能把目光停留在眼前利益上！"

在他的不断鼓励下，员工们终于以积极的心态投入到打造自己的品牌上。10年后，他们生产的扑克不仅占据了1/3的国内市场，还出口到美国、加拿大、南非、印度、澳大利亚等20多个国家和地区，每年的销售额1.2亿美元！特别值得一说的是，当初的那家比利时公司，后来竟然主动请求合并，最终成为姚文琛在海外的生产基地之一！

姚文琛每次谈到当年的抉择，都会意味深长地说这样一句话："眼前利益在很多时候都只是一片树叶，不拒绝它就不能看到一片更大的树林！"

做事不能只看眼前，要从长远考虑。当你为了眼前的利益时，你可能就失去了更大的机会。要能拿得起，也要能放得下，不为一点利益得失，放弃自己的理想和信念。

鱼与熊掌，不可兼得。付出便是一种舍，要有收获，必有付出。人们在此方面付出时，在彼方面定能收获。

"舍得"需要智慧，需要勇气。有舍才有得，人生路漫漫，我们必须学会舍与得，它是一门艺术，是一种精神境界。当我们把别人需要、渴望的东西给予他们时，看到别人的焦急没有了，带来了快乐和幸福，你也一定会被感染。这么看来，舍得也是一种分享快乐的方式。当你需要帮助时，别人也会同样地帮助你。因为互相帮助，人间充满爱和温暖。

 ## 6. 在逆境中成长

当我们被人、被事、被物所困扰、伤害时，往往会痛苦难过，深感挫折，这就是逆境。在逆境中，常常无法实现自己的愿望，困难重重，心情常被外境所牵，不能宁静，往往想不通，在黑暗中徘徊不已，不能达到自己的心愿或所求。

我们都会经历或多或少的逆境。有的人把这些逆境看作人生的一块磨刀石，磨炼自己的心智，最终走向真正的成功；而有的人逃避、抱怨逆境本身，最终以失败收场。

一个女孩经常抱怨她的生活。她常常感到痛苦、无助，她是多么想要坚强地走下去，但是她已失去方向，非常茫然。她不停地厌烦、抗拒、挣扎，但是问题却一个接着一个，让她毫无招架之力。

当她的父亲知道她的痛苦后，拉起他的女儿，走向厨房。

父亲烧了三锅水。当水滚了之后，他在第一个锅子里放进一个萝卜，第二个锅子里放进一个鸡蛋，第三个锅子里则放进了咖啡。

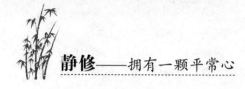

女儿望着父亲，不知所以，而父亲只是温柔地握着她的手，示意她不要说话，静静地看着滚烫的水，以令人炽热的温度烧滚着锅里的萝卜、鸡蛋和咖啡。

一段时间过后，父亲把锅里的萝卜、鸡蛋捞起来各放进碗中，把咖啡滤过倒进杯子，问："宝贝，你看到了什么？"女儿说："萝卜、鸡蛋和咖啡。"

父亲把女儿拉近，要女儿摸摸经过沸水烧煮的萝卜，萝卜已被煮得软烂；他要女儿拿起一枚鸡蛋，敲碎薄硬的鸡蛋壳，让她细心观察这个水煮鸡蛋；然后，他要女儿尝尝咖啡。女儿笑起来，喝着咖啡，闻到浓浓的香味。

然后女儿问："爸爸，这是什么意思？"

父亲说："这三样东西面对相同的逆境，也就是滚烫的水，反应却各不相同：原本粗硬、坚实的萝卜，在滚水中却变软了，变烂了；这个鸡蛋原本非常脆弱，它那薄硬的外壳，起初保护了它液体似的内容物，但是经过滚水沸腾后，鸡蛋壳内却变硬了；而粉末似的咖啡却非常特别，在滚烫的热水中，它竟然改变了水。"

"你呢？我的女儿，面对沸水，你愿意是什么？"

女儿说："我愿意做咖啡。"

慈爱的父亲摸着虽已长大成人却一时失去勇气的女儿的头，说："当逆境来到你的门前，你作何反应呢？你是看似坚强的萝卜，但痛苦与逆境到来时却变得软弱，失去力量吗？或者你原本是一枚鸡蛋，有着柔顺易变的心？你是否原是一个有弹性、有潜力的灵魂，但是却在经历死亡、分离、困境之后，变得僵硬顽固？也许你的外表看来坚硬如旧，但是你的心和灵魂是不是变得又苦又倔又固执？或者，你就像咖啡？咖啡将那带来痛苦的沸水改变了，当咖啡溶解于沸水中时，水变成了美味的咖啡。当水滚烫时，咖啡就愈加美味。"

父亲的话使女儿深受启发，从此，她再也不消沉抱怨，而是努力改变困境，她也真的战胜了困难，迎来了属于她的曙光。

在生活如沸水的时候，你会做哪种人？当逆境到来时，不要让自己像萝卜一样软弱；也不要让自己像鸡蛋，用一层硬硬的壳把自己封闭起来，故步自封，不肯面对，以怨恨的态度对待人生；要像咖啡，把外在的一切转变成自我修炼的资本、自己前进的动力。

逆境使人成长，人生才会有所突破，化蛹成蝶。舒服的生活会消磨你的意志，会使自己会变得懈怠、懒惰。人生需要体验生命，磨炼意志。

蝴蝶只有经历了痛苦的挣扎，它的翅膀才会有力，才能变得更美丽。人也一样，只有经历磨炼、挫折、挣扎，才能将它们转化为成功。不要怨天，不要怨地，也不要去埋怨别人，更不要怨自己，你要学会像蝴蝶那样，化蛹成蝶。

7. 成功没有秘诀，贵在坚持不懈

"骐骥一跃，不能十步；驽马十驾，功在不舍。"成功没有秘诀，贵在坚持不懈。持之以恒的微妙作用，虽然看起来微不足道，但影响巨大。成功得来不易，人生中的许多事情总是要经历困难与挫折，只有接受磨炼与挑战，才可能成功。

"好事多磨"，就是因为成功过程中的受尽折磨而百折不挠。需要有坚忍的精神与毅力、坚强的信心，最终克服万难。这是生命给我们的最好的培训课程。如不具备坚忍的精神，则可能中途而废。如果缺少信念，或缺乏信心，还是会事与愿违。迈向目标的速度不论是快

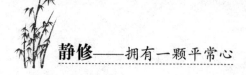

是慢，要保持正确的心念才能有效坚持，坚持到最后会超越，迟早也会成功。证严上人说："信心、毅力、勇气三者兼备，则无事不成。"而信心、毅力、勇气也需要持之以恒。这就是成功的经验。

做对的事情，虽然会得到赞赏与肯定，但也会遭到某些人的误解与批评。假如我们在别人冷言冷语、冷嘲热讽中放弃，就犹如"未战先降"，不是输给别人，而是败给自己。

"贫贱不能移，富贵不能淫，威武不能屈"是一种高风亮节，要有大智、大仁、大勇才能做到。坚持做对的事情，会有许多的煎熬，需要有魄力、毅力与愿力做后盾。古圣先贤，他们的丰功伟业能名留青史，这不是来自侥幸获得或优柔寡断，而是自始至终坚持自己正确的思想与信念，虽风吹雨打、物换星移也不轻易动摇。

孟子说："自反而缩，虽千万人，吾往矣！"意思是说：经过反躬自省，只要是合乎正义的事情，即使对方有千军万马，我们依然勇往直前，这就是令人敬佩的"浩然正气"。意志坚定的人就像中流砥柱一般，拥有"正念"与"正定"。他们会让人看到希望，他们虽处于惊涛骇浪之中，却能坚毅不拔、力挽狂澜。

证严上人说："处理事情要将理智蕴藏在感情之中，与人相处要将感情放在理智之上。"这就是生活的智慧。坚持并非"固执己见"或"刚愎自用"，而是进行理性、客观、冷静的分析，它是顾全大局的。"坚持"绝对不是制造对立或冲突，而是用柔软的话讲坚硬的原则，这是一种"外圆内方"与"随方就圆"。

孔子说："当仁，不让于师。"亚里士多德说："吾爱吾师，更爱真理。"他们都是懂得坚持的人。该坚持的，就去坚持；不必坚持的，就以宽广的心随缘放下。如此，无为而无所不为，就是潇洒自在的人生了。

有这样一个故事。

开学的那一天，老师说："今天只学一件最容易的事情，每人把胳膊尽量往前甩，然后再尽量往后甩，每天做300下。"

一个月以后有90%的人坚持。

又过一个月有80%的人坚持。

一年以后，老师问："每天还坚持300下的人请举手！"整个教室里，只有一个人举手，他后来成了世界上伟大的哲学家。

他就是柏拉图，一位伟大的哲学家。

坚持是容易的事，也是不容易的事。第一天、第二天……所有的人都可以保证每天做300下，但是随着时间流逝，坚持的人逐渐减少。一年后，只有柏拉图坚持了下来，而最后也是他取得了伟大的成功。

巴斯德有句名言："告诉你使我达到目标的奥秘吧，我唯一的力量就是我的坚持精神。"

从"昨夜西风调碧树，独上高楼，望尽天涯路"，到"衣带渐宽终不悔，为伊消得人憔悴"，再到"众里寻她千百度，蓦然回首，那人却在，灯火阑珊处"，奋斗中的每一个阶段，都应该坚持，才能领略到另一番境界。

你可以失败100次，但你必须101次燃起希望的火焰。

曾经有两个年轻人都喜爱画画，其中一个很有绘画的天赋，另一个资质则明显差一些。

没过几年，那个很有天赋的年轻人受到了很多奖励，有点沾沾自得。再后来，他开始沉醉在灯红酒绿之中，整天美酒笙歌醉生梦死，丢掉了自己的画笔。

而那个资质较差的年轻人，他虽然生活极为贫困，每天需要打柴、下田劳作，但他始终没有丢掉自己钟爱的画笔。每天回来再晚再累，他都要点亮油灯，伏在破桌上全神贯注地画上1个小时。即使在

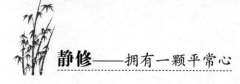

他做木匠走村串户为别人打制桌椅床柜的时候，他的工具箱里也时刻装着笔墨纸砚。在休息的短暂间隙，行路时在路边稍坐，他都会铺上白纸绘画，甚至以草棍代笔，在泥地上画一通。

40年后，他成功了，从湖南湘潭一个名不见经传的小镇上的一介木匠，变成了蜚声世界的画坛大师，这个人就是齐白石。

齐白石成功后，曾和他一样酷爱过绘画的那个人到北京来拜访齐白石。两个人促膝交谈，齐白石听他慨叹美术创作的艰辛和不易，听他述说对自己从事绘画半途而废而深深惋惜，齐白石莞尔一笑说："其实成功远不如你想的那么艰辛和遥远，从木艺雕刻匠到绘画大师，仅仅需要4年多的时间。"

"只需要4年多一点？"那个人一听就愣了。

齐白石拿来一支笔、一张纸，伏在桌上给他计算："我从20岁开始真正练习绘画，35岁前每天只能有1个小时绘画的时间，每天1小时，一年365天，我绘画的时间只有365小时，365小时除以24，每年绘画的时间约15天，20岁到35岁是15年，15年乘以每年的15天，这15年间绘画的全部时间约225天。35岁到55岁的时候，我每天练习绘画的时间是2小时，一年共用730小时，除以每天24小时，折合31天，每年31天乘以20年合计是620天。从55岁至60岁，我每天用于绘画的时间是10小时，一年是3650小时，折合152天，5年共用760天。20岁到35岁之间的225天，加上35岁到55岁之间的620天，再加上55岁到60岁时的760天，我绘画共用了1605天，总折合约4年零4个月。"

4年零4个月，这是齐白石从一个乡村懵懂青年成为一代画坛巨匠的时间。

很多人不相信，怎么可能用这么短的时间取得那么大的成功呢？其实齐白石的成功在于他的坚持、不放弃，而不是他用了几年的时间。只要你坚持，只要你勤奋，成功就会离你不远。不要害怕成功遥遥无期，成功其实不需要太长的时间，用上你发呆或喝咖啡的时间就足够了。

8. 成功的人生不浮躁

道一禅师曾说："无造作，无是非，无取舍，无断常，无凡无圣。只如今行住坐卧、应机接物，尽是道。"这所说的就是一种平常心的心态。

顺其自然、不强求的心态。睡觉时就睡觉，坐立时就坐立，热的时候乘凉，寒的时候取暖。以一颗平常心对待生活，是人生的一种良好的修养。

范仲淹说："不以物喜，不以己悲"，就是让我们不要浮躁，不要急功近利。如果过于追求物欲，是很难拥有一颗平常心的。平常心使我们保持一种从容淡定的良好心态，清醒地认识社会和自己的人生。

"非淡泊无以明志，非宁静无以致远。"以一颗平常心面对人生，人生才会变得淡定。

一日，一个小沙弥问师父："师父，你修身养性有什么与众不同的秘诀吗？"

师父说："有。"

"那么你的秘诀是什么呢？"小沙弥继续问道。

师父说："我感觉饿的时候就吃饭，感觉疲倦的时候就睡觉。"

"可是，这算什么与众不同的秘诀呢？每个人都是这样的。"

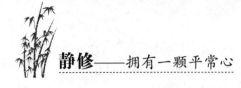

师父说："不一样的！他们吃饭时总是想着别的事情，不专心吃饭；他们睡觉时也总是做梦，睡不安稳。而我吃饭就是吃饭，什么也不想；我睡觉的时候从来不做梦，所以睡得安稳。这就是我与众不同的地方。"

师父继续说道："世人很难做到一心一用，他们在利害得失中穿梭，无法用一颗平常心对待浮华的宠辱，产生了'种种思量'和'千般妄想'。他们在生命的表层停留不前，这是他们生命中最大的障碍，他们因此迷失了自己，丧失了'平常心'。要知道，只有将心灵融入世界，用心去感受生命，才能找到生命的真谛。"

无杂念的心需要修行，需要磨炼，如果能达到这种境界，那么在任何场合下，都能游刃有余、自由自在。然而人们常常因为功利心而疲于奔波。将功名利禄看穿，将胜负成败看透，才能感受到生命的真谛，才能活得更轻松一些。

在快节奏的社会生活中，焦虑、急躁、失落、颓废、慌乱、茫然、无所适从经常占据人们的内心。我们要扼制住自己浮躁的心态，专心做事，才能达到自己的目标。

楚国有个人叫养由基，精于射箭。

有一个人仰慕养由基的射术，拜养由基为师。养由基交给他一根很细的针，要他放在离眼睛几尺远的地方，整天盯着看针眼。看了两三天，这个学生疑惑了。

那天他问老师说："我是来学射箭的，老师为什么要我干这莫名其妙的事？您什么时候教我学射术呢？"

养由基说："这就是在学射术，你继续看吧。"

不久养由基又教他练臂力的办法，让他一天到晚在掌上平端一块石头，伸直手臂。这样做很苦，那个徒弟又想不通了，他想："我只学他的射术，他让我端这石头做什么？"于是很不服气，不愿再练。

后来这个人又跟别的老师学艺，最终没有学到射术，空走了很多地方。

这个学习射术的人就是太急功近利了，导致最后一事无成。如果他能脚踏实地，不好高骛远，甘于从一点一滴做起，坚持到最后，他的射术肯定会很精湛。只有把基础打扎实了，以后的发展才会迅速。

一个管理者曾提出一个问题：1分钟我们能做多少事？答案自然是1分钟能做很多事。1分钟可以阅读一篇五六百字的文章，浏览一份40多版的报纸，看5～10个精彩的广告短片，跑400米，做20多个仰卧起坐，等等。这一方面是在鼓励人们做更多的事情，节约每一分钟，不要浪费时间，但是另一方面却表现了急功近利的心态。我们不可能一下子做特别多的事情，不然，我们会感到急躁不安。我们应有一个长久的计划，一步一步地完成，从容地面对人生路上遇到的各种问题。

我们不要只是忙于每一分钟能做多少事情，而忘了整个的人生。

有一个人，偶然的一个机会，在地上捡到了一枚金币，这令他高兴不已。从此以后，他每天都低头寻找。一辈子几十年就这样过去了，他捡到了几千枚钱币、几万颗钉子，还有数不清的纽扣饰品。后来，他发现这些东西并没有给他带来快乐和成功，他却因此背驼眼花。很多人也像这个人一样，争取了每一分钟的忙碌，却错过了一生，这样是得不偿失的。

现代人生活节奏加快，内心容易躁动。这种浮躁之气不仅影响到内心，还会影响到我们的外在气质和相貌。人是因为可爱而美丽，而不是因为美丽而可爱。一个人即使容貌很好，如果浮躁不安，也不容易产生美感。而一个容貌普通的人，如果内心宁静，就会散发出超然的气质。

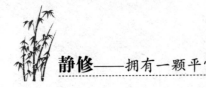

　　我们要远离浮躁，就要对事情看淡一点，过平静而有规律的生活，学会享受假期。"忙"逐渐成了人们的习惯，稍一闲下来，就要聊天、上网、看电视，其实还是在忙。我们要学会静静地享受闲暇，去体会生命的价值和意义。

第 10 章 | 相处之道：
在于内心的容忍

"红尘白浪两茫茫，忍辱柔和是妙方。到处随缘延岁月，终身安分度时光。休将自己心田昧，莫把他人过失扬。谨慎稳守无懊恼，耐烦做事好商量。"

做人处世是一门大学问，尤其在这门学问中，最重要的是做人处世要平和，对别人要尊敬、宽容，对自己要严格、自律。我们希望别人怎样待我们，就要先怎样待人。

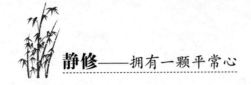
1. 善行可以融化一切冰冷

生活之中，难免会与周围的人发生矛盾或者冲突，难免要去面对他人的恶言恶语，这时，我们的内心很难淡定，一时的愤怒也会让我们与之恶言相对，最终使矛盾越来越大，给自己带来痛苦的同时，也可能会给他人带来伤害。这个时候，如果我们能够以宽容的心态面对，肯退后一步，那么，你的善行最终会融化对方内心的冰冷，你会获得意想不到的结果。

山上有一座破旧的寺院，里面住着一个老和尚和一个小和尚，有一次，小和尚对老和尚说："这一座寺院中，就我们两个和尚，我每次到山下去化缘的时候，很多人都会冷言冷语笑话我，说我是野和尚。所有来参拜的人，给的香火钱也很少。今天到山下去化缘，这么冷的天，竟然没有一个人给我开门，我化到的斋饭也是少得可怜。师父，我们菩提寺要想成为你所说的庙宇千间、钟声不断的大寺的梦想可见是实现不了了。"

老和尚披着袈裟也没说什么话，只是紧闭着眼睛静静地听着。

一会儿，小和尚不停地絮絮叨叨地说着，最终，老和尚就睁开眼睛问道："这北风吹得太紧了，外边又冰天雪地的，你不冷吗？"

小和尚冻得浑身哆嗦，然后就说道："我冷得很啊，双脚都冻麻木了。"老和尚说道："那不如我们早一些睡觉吧！"

于是，老和尚和小和尚就熄了灯，一同钻进了被窝中。又过了一个小时，老和尚说道："现在你暖和了吗？"

小和尚答道："当然暖和了，就像在太阳下一样的暖和。"

老和尚说道："棉被放在床上面一直是冰冷的，但是人一旦躺进去就变得暖和多了。你说是棉被把人暖热了，还是人把棉被暖热了呢？"小和尚一听，马上就笑了，说道："师父你真是糊涂啊！棉被怎么可能把人给暖热了呢，是人把棉被暖热了。"

老和尚就问道："棉被既然无法给我们任何温暖，我们反而要靠它们去取暖，那么，我们还盖着棉被干什么呢？"

小和尚想了想，说道："虽然棉被给不了我们温暖，但是厚厚的棉被却可以保存我们的温暖，让我们在被窝中睡得很是舒服啊！"

在黑暗之中，老和尚就会心一笑，说道："我们撞钟诵经的僧人何尝不是躺在厚厚的棉被下面的人，而芸芸众生就是厚厚的棉被啊！只要我们一心向善，冰冷的棉被终究是会被我们所暖热的，而芸芸众生这床棉被也会把我们的温暖保存下来的，我们睡在这样的被窝里不是温暖得很吗？"

小和尚听到了，恍然大悟。从第二天开始，小和尚很早就下山去化缘去了，依然听到了很多人的恶语，但是小和尚却始终彬彬有礼地对待每一个人。

十年以后，菩提寺就成了一座大寺院，不仅有很多的僧人，而且烧香参拜的人也络绎不绝，再也没出现过化不到斋饭的情况了。

生活中，如果每个人，都能最大限度地去容忍别人，遇到困难能够退后一步，那么，再冰冷的棉被终究是会被我们所暖热的。

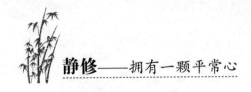

2. 不要为小事嗔怒

唐朝的拾得说："无嗔即是戒，心净即出家。"世人只有把嗔怒放下，才可能让自心净化。当你发了脾气之后，再去照镜子，你会发现那里面根本不是你，而是恶魔。相貌之所以发生了变化，就是因为你生过气之后，你的祥和没有了，暴戾之气呈现出来了。结果一切都变了，你自己还不知道。例如你的呼吸不一样了；心跳的频率加快了；吃饭不香了；走路的姿势变样了；说话的声音变调了。你要是一生气，就会这样，所以千万不要生气。

那天，一位居士抱着一盆供果，急忙赶到大佛寺上早课。突然迎面跑来一个小和尚，正好与居士撞个满怀，将他捧着水果撞翻在地。居士生气极了，喊道："把我供佛的水果全部撞翻了，你打算怎么办啊？"

小和尚不满地说："撞翻已经撞翻，你干吗那么凶啊？"

居士十分生气："你这是什么态度啊？自己错了还要怪人吗？"

由于两人互不服气，所以互相咒骂起来，互相指责的声音越来越大。

禅师正好经过这里，问明原委后，说："莽撞的行为是不应该的，但是拒不接受别人的道歉也是不对的，这些都是愚蠢不堪的行为。能坦诚地承认自己的过失及接受别人的道歉，才是智者的举止。"

两个人听了禅师的话，不再争吵了。

禅师又说："我们生活在这个世界上，不该为点小事就大发脾气。一大早就破坏了虔诚的心境，值得吗？"

当你要生气的时候，你先让自己冷静几分钟。在心里数数，一直数到你不想生气为止。

世间一切辉煌的事业，哪个不是从打击失败中而得来呢？人人都有自尊心，爱面子会争强好胜，一旦失败或者遭受耻辱，会因为懊恼丧志失意，走上自我毁灭之路，这是很危险的事情。所以，我们在相处时就要修炼心性，不要毛躁。

那天，某部门开了一场茶话会，大家在一起谈论时事，在谈论中讲到甲。

乙说："甲虽是一个好人，可是脾气毛躁一点，做事也很鲁莽！"这时甲刚好赶到现场，听到有人这样批评他，火冒三丈。

甲生气地说："我什么时候毛躁？"于是举手就打乙。

众人说："你怎么可以打人呢？"

甲说："我怎么不可以？他说我脾气毛躁，做事鲁莽。我什么时候毛躁和鲁莽？你们说！"

众人说："你现在发脾气不是毛躁、举手打人不是鲁莽是什么？"

甲这才意识到自己确实太易发怒了。

世间每一个人都有他的优点和缺点。不要怕别人批评，要自己更正，使缺点变为优点。这样不仅能与旁人友好相处，还能把自己磨炼成一个成功的人。

人在受到别人侮辱、诽谤和攻讦时，遇到挫折、不如意时会嗔怒。它的爆发使肌肉紧张、心跳加快，一时间失去了冷静思考和自我控制的能力。世间发生的争执大都是由一些小事引起，我们要学会把小事化了，因为嗔怒的危害实在是太大了。

释尊曾经谈及嗔怒的破坏力。他说当一个人生气时，会有 7 件事情降临在他身上。

（1）即使刻意装扮，依然丑陋不堪。

（2）纵然睡在柔软舒适的床上，依然疼痛缠身。

（3）误把善意当作恶意，错把坏人当好人，做事鲁莽不听劝告，导致痛苦与伤害。

（4）失去辛苦赚来的钱，甚至误触法网。

（5）失去勤勉工作得来的声望。

（6）亲友形同陌路，不再同你为伍。

（7）任怒气驾驭自己的人，身心及言语皆表现得不健全，死后将转世投胎到畜生道。

千万不要让自己造成这样令人惋惜的结果。

有位富有的寡妇以乐善好施闻名，大家都很尊敬她。

她有一个又勤劳又忠诚的女仆。女仆听说大家都赞扬自己的主人，也是非常高兴。

有一天，女仆心血来潮，想探究她主人的慈悲善举是否如外界所说，或只是上流社会富有外表下的伪装而已。

女仆连续两天近中午才起床，女主人盛怒，对女仆施虐鞭笞，以致伤痕累累。

女仆非常伤心，这事也传到寡妇的社交圈。富有的寡妇不仅失去了一名忠仆，而且声誉大跌。

嗔怒会使人赔上自己的声誉、工作、朋友和亲人；没有了心灵的宁静、身体的健康，甚至失去自我，使人失去理智，变成伤人伤己的危险动物。

嗔怒就是这样一种具破坏性的情绪，它使周围都变得丑恶。它蛰伏在人心，操纵人的生活。无法克制的怒气，往往成为伤害身心至深的本源。嗔怒如同银行的存款可以生息，贮存在心中的怒气，它会累积成痛苦的根源，所以我们不要为小事嗔怒。

3. 别拿别人的错误来惩罚自己

德国古典哲学家康德曾说，生别人的气是在拿别人的错误来惩罚自己。要知道，当我们生别人气的时候，那个使我们生气的人会因为我们的生气而受到应有的惩罚吗？他会因为我们的生气而去改变自己的行为吗？要知道，那些错误是别人造成的，我们不该让自己承受错误的结果。如果你能理解这些，心境就会开朗很多。

一天中午，佛陀在寺庙中静修的时候，一个叫作婆罗门的人破门而入，因为其他人都出家到佛陀这里来了，而他自己因为门可罗雀，很是生气。

当佛陀安静地听完他的无理谩骂之后，平静地问道："婆罗门啊，你的家中偶尔也会有客人到访吧？"

"那是当然的，你何必问这话呢？"婆罗门说道。

"那个时候，你也会好好地款待客人吧！"佛陀接着问。

"那还用说吗？当然会了。"婆罗门以不屑的口气答道。

"假如在那个时候，来访的客人不接受你的款待，你准备好的菜肴应该归于谁呢？"佛陀又问。

"要是访客不吃的话，那些菜肴当然要再归于我喽！"

听到这样的回答，佛陀顿时笑了，看着他，说道："婆罗门啊，你今天在我面前说了很多坏话，但是我并不接受它，所以就像你刚才所回答，你的无理谩骂，那当然是归于你的。"婆罗门听罢顿时无言以对。

最终，佛陀为他指点迷津，说道："对异常愤怒的人，还以愤

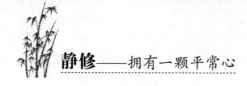

怒，是一件不应该的事。不还以愤怒的人，最终会得到两个胜利：面对他人的愤怒，以正念镇定自己，不但能够胜于自己，也能够胜于他人。"

听罢这话，婆罗门顿时领悟了，最终出家在佛陀门下，成为阿罗汉。

生活之中，面对他人的无理谩骂，又有多少人能够镇定对待呢？上司犯了错，很生气，怒发冲冠，声色俱厉，最终伤的是自己；上级作风不正，下级生气，内心委屈，心中不平，伤的也是自己；同事之间钩心斗角，相互猜疑，最终伤的还是心中不平的那个人。别人犯了错误是应该受到惩罚，但你不要生气。更何况错误在对方，你为何要生气呢？试着把别人的愤怒和过错都还给对方吧，那本不属于你。在任何时候，我们都没必要为了那些不属于自己而又烦扰到自己内心的事而停留，多一秒的停留就会多一秒烦恼，多一分对自己的折磨。

生活中，令人不平的事确实太多了，但是单单的生气除了给你增加烦恼和痛苦外，还能给你带来什么呢？所以，从现在开始，千万不再要因为别人的一点小过错而伤害了自己，让自己生气，是危害自己健康的行为。

印度诗人泰戈尔曾说："不让自己快乐起来是人的最大奢望罪过。"生气就是跟自己过不去，面对他人的过错，能够保持镇定的人，才是生活的智者。

4. 真诚是做人的真谛

我们要通过不断修炼心性、培养品格，改变自己的性格，从而改变自己的命运。首先要养成的品格就是真诚，能善待情境，不要以德抱怨。这样就可以转逆境为顺境，从而让生命的质量得到提高。

真诚是做人的真谛，是人与人相处之道，是通向快乐的法门。它会给我们积累福分。

从前有四个富商，他们各有一个儿子，他们经常结伴而行。

那天，他们途中坐在路边交谈。迎面过来一辆马车，一名猎人刚打猎回来，车上装了许多猎物，准备进城卖掉这些猎物。

他们想比试一下，看看谁能要到猎物，并且要到最多的为胜利者。

第一个商人的儿子迅速从地上站起来，走到马车前，很不礼貌地说："打猎的，给我块鹿肉！"

猎人见这个年轻人如此傲慢无礼，便念了一首偈语："公子索要肉，出言欠和逊；按君言粗鲁，只配得筋骨。"

第一位商人的儿子拿着猎人给他的鹿骨，悻悻地退回原来坐的地方。

第二位商人的儿子也站了起来，他来到猎人面前，和颜悦色地说："大哥，能给我一块鹿肉吗？"

猎人念了一首偈语："人说尘世中，兄弟手足情；按君言辞和，送君鹿腿肉。"

第二位商人的儿子拿着猎人给他的鹿腿回来了。

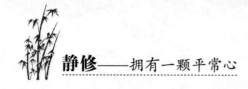

第三位商人的儿子也站了起来来到猎人面前，尊重地说道："老爹，请给我一块鹿肉好吗？"猎人也报以一笑，念了一首偈语："儿呼一声爹，为父心头颤；按君言辞敬，赠君心头肉。"

第三位商人的儿子拿着猎人给他的鹿心，愉快地回到年轻的朋友身旁。

第四位商人的儿子迎着他站起身来，诚恳地说："朋友，打猎辛苦了，能否赏我一块鹿肉？"猎人也礼貌地微微颔首，他念起偈语："村中若无友，犹孤居森林；按君言辞美，赠君倾我车。"

猎人大声说："朋友，上车来吧！我要将这整车的猎物都送到你家里去。"

猎人驾车把满车猎物送到第四位商人的儿子家。到了家后，他们让厨子马上烹煮，热情招待猎人。他们尽情畅饮，非常开怀。

四个商人儿子不同的处世方法给他们带来了不同的礼物。在人际交往中，一定要真诚相待，你敬我一尺，我敬你一丈，不要用怠慢、鄙视、不尊敬的情绪。真诚需要真心实意，不必拘泥于形式。

有一个年轻的人，前去拜访一位居士。他们从早谈到晚，十分投机。到了晚上，该吃饭了，端来了一大一小两碗面。

居士看了一下面条，将大碗推到年轻人面前，说道："你吃大碗的吧！"

按照常理，年轻人本应该将大碗推回到居士面前，以示恭敬。可是年轻人太饿了，就大口地吃了起来。居士见状，不由皱起了眉头，心里想："本以为他慧根不浅，可是居然一点都不懂得礼仪！"

年轻人吃完后，看见居士根本就没有吃，并且脸有愠色，便笑着问居士："您为何不吃？我确实是饿了，只顾自己狼吞虎咽，的确有失礼之处。我没有把大碗再推回到您的面前，因为那不是我的本愿。既然不是我的本愿，我为什么要那样做呢？您让给我的目的是

196

什么？"

居士答："吃饭。"

年轻人说："既然目的是吃饭，您吃是吃，我吃也是吃，何必再你推我让！难道您把大碗面让给我不是真心的吗？如果不是真心的，那您为什么要那样做呢？"

其实，这只是一个礼节，在中国人的观念中谦让客气是一种礼貌的表现，但有的情况是违反自己的心意的。就如这位年轻人，本来自己已经饥饿不堪，就要真诚地讲出来，这样对方才会理解。不要为了礼仪而让自己困窘，礼仪只是一种形式，不要拘泥于形式而忽视了真诚待人的内容，真诚才是做人的真谛。我们都希望得到尊重、理解和信任，我们都希望得到真挚的友谊，那么我们就应该以诚相待，真诚做人。

5. 宽容别人，就是善待自己

每个人都会犯错，每个人都会说错话，所以不要苛责别人。一句错话可能给他人留下永久的伤害。当别人冒犯你时，你首先要做的不是动怒，而是要思考一下对方的所作所为是否是有心为之。如果是无心的，就应该谅解他人，不要抓住对方的无心之过紧紧不放。即使那人有心为之，也要以一颗宽容的心对待，因为宽恕伤害过你的人，你就会得到快乐。

智者会对冒犯他的人说："没关系，我知道你的过错不是故意的……"而愚笨的人只会对着犯错的人大吼大叫。结果智者赢得了对方的尊重，愚笨的人成了对方的死敌。智者会那样对待，是因为他

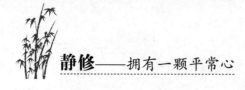

宽容；而愚笨的人不懂得宽容对方，结果也就得不到尊重。生活本已苦累，何苦再为难他人和自己？

据说古时有一个很有名的武士，很多人想与他比武。

一日，一个年轻的武士来到他家门前，要向有名的武士挑战。

这位年轻武士在他的家乡也是一个武功很高的人，同时也是一个有心计的武士。在比武开始之前，他都会先用各种方法将对手激怒，逼迫对方急躁出手，然后他再从中找出对方的破绽，给对方致命的一击。

这次年轻武士来到此地，还想用他的"独家秘籍"。他来找有名的武士比武，为的就是可以扬名立万。

两个高手比拼的消息很快就传遍了武术界，很多名家都专程赶来观看这场比赛。比赛如期开始，年轻武士像以前一样，在开始比赛之前就侮辱这位有名的武士。弟子们一个个气愤异常，但没有师父的命令没有人敢擅自出战。

就这样过了很长时间，有名的武士还是一语未发，一举未动，不生气，也不进攻。年轻武士从未碰见过这样的对手，他在自己的叫骂声中累得坐到地上。结果，年轻武士不战而败。

可见，对待辱骂、诽谤要大度一些，不然就中计了，对谁都不好。

徒弟们后来知道了师父为什么这样做，个个拍手称好，称师父这是无招胜有招。这位有名的武士的这个"无招"里面包含的是人性的宽容。

生活本已复杂，偏偏有的人想让生活更复杂。那么我们对待这样的人怎么办呢？出家人之所以与人无纠结，就是因为出家人不会因为一点小事就放不开，如果那样只会证明他不是诚心向佛，所以出家人有更高的包容度。"冤家宜解不宜结"，原谅他人的无心之过，你就会得到更多。很多事情，不必非得争论谁对谁错，而仅仅是立场和观点不一样而已。与人敌对倒不如与人为友，宽容地原谅对方的过错，以宽容的胸怀淡化与他人的矛盾。

"不宽恕众生、原谅众生，将苦了自己。"所以，与人有冤就会苦了自己。何谓"冤"？冤使人与人之间矛盾或者冲突，使人们陷入仇恨当中，无法自拔。"冤冤相报何时了"，面对仇怨，用宽容去化解、去消释，不要无休止地报复。不要用仇视的眼光看待你的冤家，用宽容的胸怀容纳冲突，用平和的态度对待矛盾。人世间少了仇恨，多了和睦，社会就会更和谐，人们就会相处得更自在。

有一个和尚正在化缘，被一个迎面走来的大汉撞倒了。和尚摔倒在地，钵盂也丢了，一时间站不起来，胳膊还被地面蹭破了一层皮，渗出了鲜血。

可是，撞人的大汉不仅不道歉，反而理直气壮地说："和尚，你没长眼睛吗？没看到我过来吗！"

和尚缓缓地站了起来，拍拍身上的尘土。

大汉很是吃惊，问道："你怎么不生气啊，和尚？"

和尚看他有悔改的意思，便说道："为什么要生气呢？生气既不能让钵盂找回，也不能让我的胳膊恢复原样，疼痛也不会消失。倘若我与你争吵，结果必会造成更多的恶缘，生气不是解决问题的根本。也许我被你这么一撞，我的恶缘就没有了呢！我感谢还来不及，又怎会生气呢？"

大汉被和尚的宽容触动，也不再生气了。

宽容拥有一种无形的力量，还可以化解矛盾和冲突，让冤家抛弃前嫌，握手言和。相反，仇恨会破坏人们之间的关系，还可以吞噬人们的健康，摧毁世人的心灵。

宽容是一种胸襟，更是一种崇高的思想境界。当双方发生冲突

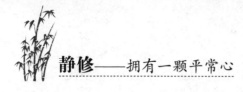

与矛盾，要告诫自己的子孙不要冤冤相报，再深的仇恨和冲突也会化解，再大的结也会解开。

所以，当我们面对一件冲突时，明明用宽容可以解决，为什么要用仇恨呢？仇恨只会徒增仇恨。当你宽容别人时，你也在宽容你自己。你不仅丢弃了一个沉重的包袱，你还获得了幸福的生活。

6. 换个角度，理解别人的处境

要想做到人与人融洽相处，你首先要理解别人的处境，站在别人的立场上看待问题。例如，你觉得自己很累，你要想每一个人都比你累。如果你能这么想，说明你能体会到别人的劳动是一种辛苦；如果别人对你有冒犯，你也能理解别人对你的态度。这样就不会生气了。

有一对夫妻，妻子下班后，忙着做晚饭。这时丈夫也回来了，倒在沙发里看电视，而屋子乱七八糟。妻子做完饭，又开始收拾屋子。

妻子就说："我忙了一天，回到家里还要做饭，还要收拾房间，你居然在沙发上赖着看电视，怎么就不说来帮一把手呢？"

丈夫就说："一天上班累死累活的，到了家我就没有一点劲儿了，哪像你上班那么轻闲。要不然，怎么还有精力收拾屋子？"

于是两人就争吵起来。

还有一对夫妻，跟他们情况差不多，因为两人都能换一种思路，替对方着想，情况就不一样了。

妻子说："你都辛苦一天了，每天上班这么累，还是让你好好休息一会儿吧。家不就是休息放松的地方嘛。"

丈夫也说："你上了一天班，下班回家还要收拾屋子，真是辛苦。这么着吧，反正我收拾过的屋子你也看不上，干脆，我去厨房把饭热了吧。"

你看，理解一下别人的处境，原来生活这么简单轻松。不经意间，夫妻俩就产生了一种默契和温馨。如果有人能体谅你，你一定会试着体谅别人；如果有人愿意替你受累，你也一定愿意为他承担。

我们在工作中肯定会有羡慕别人的时候：例如你看王主任工作轻松，每天看他不是请客吃饭，就是打球运动，还可以一个人关在办公室里想干什么就干什么，钱也不少拿，多好啊！

其实你不知道，你羡慕的对象也羡慕你。

王主任亲切地说："小刘啊，真羡慕你们啊！我的工作压力太大了，每天都要陪别人吃饭，连和家里人一起吃晚饭的时间都没有；上班吧，一个人在办公室，也没有人说说话，不像你们还可以说说笑笑的。还是你们舒服啊，我要是跟你的工作换一换，我就知足了。"

人们都把自己的工作和付出看得比实际情况多，把别人的工作和付出看得比实际情况要少。所以我们要学着理解别人的处境，站在别人的角度思考问题。不然就容易产生抱怨。但是如果你觉得自己的付出相对少，别人的付出相对多，那么，你自然就会不断地自勉，就不会有抱怨和吵架了。

这个世界上一定会有好心人和热心人，不要因为别人没有帮你就埋怨。其实每一个人都没有义务帮助你，与不相识的人交往，人们都会有一种戒备心理。

对于素昧平生的人热心帮助自己，难免心里会有疑问。其实想帮助别人的人也害怕被利用、被诬陷而表现出冷漠。如果你能理解大多数人的这种心理，你就会理解为什么有的人不愿意伸出援助之手。

伸出援助之手的热心人要学会保护自己。

一个小姑娘早晨去上学，途中突然被人撞倒，伤得很严重，但是却少有人过问。这时人群中走出一个小伙子，说愿意把小姑娘送到医院，但要求小姑娘先出一些辛苦费。

小姑娘拿出身上所有的零钱还是不够，但是她答应小伙子只要通知了自己的父母，肯定会把钱给他。小伙子及时地把小姑娘送到了医院。

赶到医院的父母在把孩子送进手术室后转身要付钱，小伙子不仅没要孩子父母的钱，还把零花钱也还给了孩子的父母。

小伙子非常聪明，既献出了爱心，也证实了自己。原来他只是用这种方法证明自己不是肇事者而已，并不想收人钱财。

如果有人在没有义务的情况下帮助你，那么，这个人绝对可以做朋友！

如果你帮助了别人，心里的快乐就是最大的酬谢，真正的助人为乐是不要求回报的，也不要计较对方是否会知道、会记住，那样就不是真诚地助人了。

多站在别人的立场处理问题，不要给自己设限。

放下自己的观念，转变自己的角度，用心感受、设身处地为他人着想。如果能帮助他人，尽自己的能力去帮助。

7. 用微笑掘开你的梦堤

世事无常，在追求和奋斗的过程中，所有的一切都不可能如你所愿。挫折、痛苦在所难免，如何才能让自己的生命在挫折和磨难中

也能精彩十足呢？那就要时刻微笑，笑对人生。

要知道，夕阳逝去，会给人带来美丽的星夜；枯叶飘落，将会迎来晶莹的雪花。雪莱说："冬天到了，春天还会远吗？"其实，在很多时候，人生就像一面镜子，你对它笑，它就会对你笑。在逆境和黑暗来临的时候，我们需要的是勇气，更需要的是微笑。笑对人生，生活才能多姿多彩，明天才会光辉灿烂。

有人说，经常微笑的人，运气不会很差。因为一个人的笑容就是他真诚的信使，他的笑容可以照亮所有看到他的人。微笑虽然不是极难的事情，但是它却会给你带来震慑人心的力量。

有这样一个人，上帝给了他丑陋的相貌，他的身高仅有 1 米 55 厘米，并且在他三四十岁的时候，才开始做推销保险。在他当保险推销员的前半年中，他没有为他所在的公司拉来一份保险单。

他没有钱租房，就经常睡在公园的长椅上面；他没有钱吃饭，就吃专供给流浪者吃的剩饭；他没钱坐车，就只好步行前往他要去的地方。上帝在给他苦难的同时，也给了他另一种财富，那就是经常微笑，自信乐观。

他从来不觉得自己是个失败的人，至少从表面上没有觉得自己是个失败者。每当清晨从公园的长椅子上"起床"的时候，他就向每一个他所碰到的人微笑，不管对方是否在意或者回报他的微笑，他都不很在乎，而且他的微笑永远都是那样的由衷和真诚，看上去是那么精神抖擞、充满信心。后来，他就是凭借这张笑脸，成为日本历史上签下保单金额最多的保险推销员——原一平。他的微笑也被称为"全日本最自信的微笑""价值百万美元的笑容"。

微笑是世界上最有魔力的表情，它可以点亮天空，可以振作精神，可以改变你周围的气氛，更可以让风雨掘开你的梦堤！

原一平说："你的这张脸不只是为了吃、天天洗、每日刮胡子或

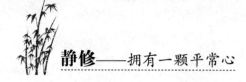

化妆。它是为了呈现上帝赐给人类最贵重的礼物——微笑。老实说，皱眉头比微笑所牵动的肌肉还要多。你对别人皱的眉头越深，别人回报你的眉头也就越深。但如果你给对方一个微笑的话，你将得到十倍的利润。"

还有一位成功人士曾道出他的成功秘诀："如果长相不好，就让自己有才气；如果才气也没有，那就总是微笑。"微笑不仅能够展示自己的自信，也传递了一种乐观积极的生活态度，它可以显示出一个人的思想、性格和感情。微笑是富有感染力的，一个微笑往往带来另一个微笑，能使双方得以沟通，建立友谊，融洽关系。这样，人与人之间的关系可能会单纯得多、轻松得多。

对敌手，微笑是一种大度；对伤害过自己的人，微笑是一种宽容；对陌生人，微笑是交流；对朋友，微笑是友谊；对亲人，微笑是挚爱……一路带着微笑走下去，心情会因微笑而快乐；如果我们能够微笑，能够有安详平和的心境，那么不但我们自己身心受益，而且周围每个人都将受到感染和滋润。

微笑是一种美丽的表情，微笑的面孔永远年轻。微笑可以驱散心头淤积的悲伤与苦痛，可以给疲惫者奋起的前行的力量，可以给弱小者寒冬中的温暖……

奥斯特洛夫斯基说过："人的生命，似洪水在奔流，不遇着岛屿、暗礁，就难以激起美丽的浪花。"在生活中我们会面临各种各样的挑战，考试败北，伤心失落写在脸上，为什么不用笑容抹去眼角的泪水？失意苦恼时，心头一片愁云，为什么不用笑容驱走那一片阴霾？有言道："伟大的心胸应表现出这样的气概——用笑脸来迎接悲惨的厄运，用百倍的勇气来应付一切的不幸。"

生活中摸爬滚打的人们，即使前方有太多的坎坷，微笑着继续，我们将多一份坦然，少一些遗憾。用微笑去点缀今天，用微笑去照亮黑夜。也许此刻你正沐浴幸福或是遭受着不幸，是享有快乐健康或是独受悲伤与痛苦，请记住，一切都会过去，请微笑着继续！

 8. 有所执着，就有所束缚

执于我见，是人性弱点的根源。心中装满自己观念的人，很难看见别人的观点。事实上，别人并没认同你的观念，只有你自己认同自己而已。当然，我们不必得到所有人的认同，但是我们不能欺骗自己。

在一个小山村里，住着一个老太太，她养了很多家禽。

其中有一只公鸡，每天凌晨都发出打鸣声，然后太阳就出来了，日复一日，从不间断。公鸡鸣叫，太阳升起。

老太太得出这样一个结论：太阳是她家里的公鸡叫醒的。

我们都知道事实并非如此，但老太太觉得自己的见解是合乎逻辑的：太阳确实是在公鸡发出打鸣之后才开始升起的。

老太太就对山村里的人们说："太阳是因为我才升起的，一旦我离开了这个村子，你们都会生活在黑暗之中。"

但是村民们听到这些话之后都笑了，没有理会老太太。老太太觉得很生气，便真的带着她那只公鸡离开了村子。她到了另外一个村子，当然，到了早上的时候，太阳还是照常升起。

老太太笑了："现在他们知道了吧。太阳跟着我来到这个村子！他们一定会哭泣、后悔，但我是不会回去的。

老太太以自我为中心，觉得太阳是围着自己转。其实很多人都有自以为是的毛病，觉得世界上一切的事物都在围着自己转。一方

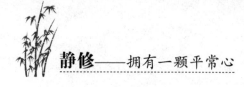

面，炫耀自己的情况；另一方面，贬抑他人，非议他人。这样非常不利于自身的进步，更不利于人与人之间的相处。

人们之间一旦矛盾丛生，就忽视了智慧和理性的存在。人与人之间的斗争不断，哪还有和谐共处的机会？人有炫耀自己、表现自己的心理，这是执于我见造成的；人都有议论别人、贬抑别人的心理，也是执于我见引发出来的。持戒的目的就是要克服执于我见。

执于我见，你就会自炫；执于我见，你就会自私；执于我见，你就会抑他；执于我见，你就不能够明心，不能够看透本来的世界。因为太关注自己而忽略别人，就很难让别人接受你，也不利于自己修身养性。所以说过于关注自己的人，也就是执于我见。

小吴约几个好朋友来家里聚聚，他准备了丰盛的晚饭，打算帮助一位目前正陷入困扰的朋友心情好起来。这位朋友不久前因经营不善，公司面临倒闭，妻子也因为不堪生活的压力，正与他谈离婚的事，真是内外交迫，他非常痛苦。

聚会上，大家都知道这位朋友目前的遭遇，都避免去谈与之有关的事，可是几杯酒下肚，谈兴起来，其中有人就不由自主地炫耀起自己的能耐，谈起自己的赚钱本领、家庭的和谐，那种得意的神情让人看了就有些不舒服。

那位失意的朋友低头不语，脸色越来越难看，一会儿上厕所，一会儿去洗脸，后来他猛喝了一杯酒，赶早离开了。

小吴真可谓好心办坏事，本来打算做件好事，让朋友心情好点，然而，没想到朋友的心情不但没有变好，反而更差了。

当你在表现自己时，有时就是在嘲笑对方。特别是面对失意的人，当你在他面前炫耀自己的得意之事，他会非常恼火，甚至讨厌你。

做人不需要光芒太亮，否则就会刺着别人的眼睛，让人眼红忌炉，自己也可能会被反射的光芒灼伤。只要够亮就行了，不要太过自我。多看看别人的优点，去除我执，谦虚一些，听听别人的意见。太过于欣赏自己的人，就不会懂得去欣赏别人的优点。

一个年轻人去看一位收藏家的收藏，据说随便拿一件来都是价逾千万。

收藏家带年轻人穿过一条条的巷子，来到一家不起眼的公寓前面。年轻人心中正自纳闷，顶级的古董怎么会被收藏在这种地方呢？

收藏家连续打开三扇不锈钢门，他们才走进屋内。室内的灯光非常幽暗，等了几秒钟，年轻人才适应了室内的光线，这时，赫然看到整个房子堆满古董，多到连走路都要小心，侧身才能前进。

到处都是陶瓷器、铜器、玉器，还有好多书画卷轴拥挤地放在一起。主人好不容易带他找到沙发，沙发也是埋在古物堆中，经过一番整理，他们才得以落座。

年轻人不知道怎样才能形容那种感觉，古董过度拥塞，使人仿佛置身在垃圾堆中。没想到，任何事物都不能太多，一到"太"的程度，就可怕了。

我们都喜欢蝴蝶，可是如果屋子里飞满蝴蝶，就不美了，再想到蝴蝶会生满屋的毛毛虫，那多可怕。

收藏家端出来一个盘子，但盘子里装的不是茶水或咖啡，而是一盘玉。主人以为年轻人是个行家，迫不及待地拿他的收藏要他"鉴赏"。年轻人也只好一件一件地鉴赏，并极力地称赞，在说一块茶色玉时，他心里想："为什么端出来的不是茶水呢？"

看完玉石，他们转到主人的卧房看陶器和青铜，才发现主人的卧室中只有一张床可以容身，其余的从地面到屋顶，都堆得密不透风。

虽然说这些古董都是价逾千万元，堆在一起却感觉不出它的价

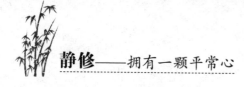

值。后来又看了几个房间，依然如此。最令年轻人吃惊的是，连厨房和厕所都堆着古董，主人家已经很久没有开伙了。

收藏家告诉他，之所以选择居住在陋巷，是怕引起歹徒的觊觎。

而他设了那么多的铁门，有各种安全功能，一般人从门外窥探他的古董，连一眼也不可得。

年轻人说："你爱古物成痴，太太、孩子都不能忍受，移民到国外去了吗？"

收藏家说："女人和小孩子懂什么？"

年轻人说："你的古物这么值钱，又这么多，何不卖几件，买一个大的展示空间，让更多人欣赏呢？这样，房子也不会连坐的地方都没有呀！"

收藏家说："好的古董一件也不舍得卖。他们懂得什么叫古董？"

这位收藏家对古董的热爱可谓到了疯狂的程度。其实再怎么了不起的古董，都只是"物件"，怎么比得上自己的家人呢？可是因为他太过于执迷，被束缚住了。

为了这些古董，居于几道铁门中，担惊受怕，何苦呢？人一旦离开这个世界，就会两手一放，一件也不能带走。拥有，不一定要占有，做一个真正的古董鉴赏家，不一定要做收藏家。有所执着，就有所束缚。如果把时间花在收藏上，就没有时间花在身心上。如果你日夜为欲望奔走，就会消耗自己的健康。而这些，又价值多少呢？

9. 善于倾听，包容一切

人都倾向于说，而不倾向于听。你希望别人听你讲话，同样，别人也希望你能听他讲话。上帝给了人两只耳朵、一个嘴巴，就是要你多听少说。

用心听听别人说什么，这样做有助于你放下我执，从而学习到新知识，打开新视野，获得好关系。多用心听听别人说什么。通过别人的话语反思自己的行为，从而帮助自己改正错误。用心听别人说什么，于人于己都十分有益。

我们在劝告他人时，要顾及对方的自尊心；我们在倾听他人时，也要尊重对方，不要心不在焉。否则再有理的话、再好的言语也得不到好的效果。

因为每一个人的生活环境不同、境遇不同，所以对于同一件事，可能会有不同的见解，都有值得赞赏的地方。一个人无法尽知其中的奥妙，就如同盲人摸象，各执一端而已。只有彼此互相印证、互相学习，才能令自己的思维更深刻、更全面，修养也会随之提高。

如果汽车的油箱已经装满了的时候，就没法加进去油了，如果非要加油反而会溢出来。同样的道理，当我们在听别人说话的时候，脑子里如果充满了各种的抵触，那么这些情绪会占据我们的脑子，无法再容下别人的见解，还会发生冲突和混乱。所以我们在倾听时，要有一种"空"的心态，变成一个善于倾听的人、有价值的人。

古时，有一位使者来见汉文帝，进贡了三个一模一样的金人，同时带来一道题目：这三个金人哪个最有价值？

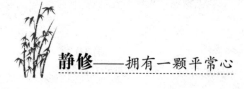

汉文帝想了许多的办法，请来珠宝匠检查，称重量，看做工，都是一模一样的。怎么办？使者还等着回去汇报呢。泱泱大国，不会被这个小题难倒吧？汉文帝正无计可施的时候，一位老臣听说了这件事，说他有办法。

于是，汉文帝命老臣来鉴别哪个金人最有价值。

老臣拿出三根稻草，第一根插入第一个金人的耳朵里，这稻草从另一边耳朵出来了。

第二根插入第二个金人的耳朵里，稻草从嘴巴里直接掉出来了。

第三根插入第三个金人的耳朵里，稻草进去后掉进了肚子，什么动静也没有。

这位老臣说：第三个金人最有价值！

使者顿时肃然起敬，回国复命。

稻草从第一个金人的耳朵出来，从第二个金人的嘴巴出来，只有第三个金人，稻草被装进了肚子里。最有价值的人，不是最能说的人，而是能把它吸收的人。无论男人、女人，还是老人、儿童，都十分重视听者是否真正在听。

成功的人际交往并没有多么神秘，只要闭住嘴巴，竖起耳朵，专心地注视着对我们说话的人，倾听他的每一句话，这样必然会使对方觉得受到尊重而高兴，这就是对说话者的肯定。在洗耳恭听时，不要木然地静听，要有表情和身体的语言，要与说者有交流互动，偶而有一些点头，或者身体语言来表示共鸣。

陆波总是很受欢迎，这让他身边的朋友非常羡慕，经常有人来请教他受欢迎的法门。

一天，陆波应朋友之邀参加一次小型社交活动。

他看见了一个女孩独自坐在一个角落里。

于是，他对女孩说："你今天的衣服真漂亮，在冬季也能打扮这么漂亮，是如何做到的？你是从哪里来的呢？"

女孩说："海南。"

陆波说："海南永远都风景如画。你能给我讲讲那里吗？"

女孩说："当然。"

他们找了个安静的角落，接下去的两个小时她一直在谈海南。

陆波整个晚上没说几句话，而女孩好像完全被他吸引住了。他是怎么抓住女孩的注意力的？

看出受欢迎的秘诀了吗？很简单，陆波只是让她谈自己。

对别人说："请告诉我这一切。"这足以让别人激动好几个小时。

人们喜欢某个人就是因为这个人注意他们、倾听他们。

假如你也想让他人喜欢，你就要多注意他人，例如他们的家庭、他们的孩子、他们的生活和他们的旅行，等等。让他人谈自己，自己一心一意地倾听，那么无论走到哪里，你都会大受欢迎。

在一座庙里，有一个小和尚。这个小和尚对自己的学问非常自信。而遇到学识浅薄、思维混乱的师兄弟，小和尚就会气急败坏，乱发脾气，常常不耐烦地说："你怎么还不明白？"

师父批评他，他虽嘴上知错，但是一遇到相同的状况，他仍然忍不住要发脾气。直到有一天，一次上山打柴的经历真正让他改变了态度。

这一天他打了很多柴，心情非常好。回去的路上他累了，放下柴担到溪边洗一把脸，取水喝。这时从山里来了一只小猴。由于这只猴子经常来这边玩，小和尚经常能碰到它，日子久了，他们就成了好朋友。小和尚洗完脸后想要拿汗巾擦，却发现汗巾还挂在那边的柴担上，于是就指着柴担，示意让猴子替他去拿汗巾。

猴子跑过去，从柴担上抽了一根木柴，给小和尚拿了过来。

小和尚觉得很有趣，又让猴子去拿，并用手比画成方形，嘴里说

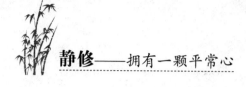

着："汗巾、汗巾。"猴子又去，拿回来的还是木柴。

小和尚笑得更开心了，这次他拿一块石头丢过去，正好丢到汗巾上，然后指给猴子说："看到了吧？拿那个汗巾。"

猴子再去，拿回来的还是木柴，还一副得意扬扬的样子，好像在说"你看，我多能干"。看着猴子一副志得意满的样子，小和尚笑得前仰后合。

回来以后，小和尚把这件有趣的事告诉了方丈。于是方丈问他："你跟师兄弟们讲道理，他们听不明白，你就会发脾气；可是猴子听不明白，你为什么反而觉得有趣？"

小和尚一愣，回答说："猴子听不懂是很正常的，因为他是猴。可师兄弟他们是人，他们不应该听不懂我说的道理。"

方丈说："应该？什么又叫作应该呢？首先每个人天生的悟性不同，悟性好的人，并不是他的功劳；悟性差的人，也不是他的过错。就算是悟性相同的，后天所处的环境又不一样。出生在书香门第的人，并不是他的功劳；出生在走卒屠户的人，也不是他的过错。就算是环境一样的，能遇到的师父又不一样。人与人有这样大的差异，你凭什么就能说谁'应该'怎么样呢？"

小和尚听到这里，低头不语了。

方丈接着说："更何况，天道无常，人世无常。今天他比你差，你可以看不起他，明天他若比你强了呢？那时候他再来看不起你，你心里感受却又如何？"

小和尚惭愧地说："师父，我知道我的错了。"

方丈却摇头道："不，其实你最大的错，并不在于此。"

小和尚睁大了双眼问："那我的错在哪里呢？"

方丈说："错在你没有学着用佛的眼睛去看，用佛的心去想。"

小和尚因为不能包容一切，才会对人和猴有不同的态度。同样是不能理解小和尚的意思，为什么他对师兄弟就会不耐烦，对猴子就会开怀大笑？他们都没理解他，所以问题并不出在对方身上，而出在小和尚身上。经过方丈的开导，小和尚理解了佛的智慧可以包容一切，从此改变了自己的态度。